スポーツ実況を100倍楽しむ方法

大藤晋司

北海道新聞社

はじめに

「まもなく、本番入りまぁす！　とおびょう（10秒）前、ここのつ、はち、なな…」

生中継の開始を告げるフロアディレクターのカウントダウン。実況を目前に控えた私が毎回、「ああ、この時間を味わうために、俺は生きてるなぁ」と、最高の高揚感を味わうフレーズで、まずは景気づけをして書き始めさせていただきます。

名古屋の放送局に12年勤め、縁あって北海道に来て16年。人事異動でアナウンサー職から離れた時期を除き25年以上、数多くのスポーツ実況に携わらせていただきました。茨城の片田舎のスポーツ好きのよくしゃべる小学生は、大学生でこの仕事を志して以来、幾多の同業者や先輩、何より素晴らしいアスリートに育まれ、ときに失敗に打ちひしがれながらもここまでたどり着きました。

日本でスポーツ実況が始まって90年あまり。数多の偉大な先人たちが作り上げてきたこの仕事は、アナウンサーの端くれとしてやればやるほど難しく、奥深く、そして、他に替えがたい快感を味わえる、「スポーツが好きで、ことばが好きで、人間が好きな」人にとって、この上ない仕事だと実感しています。

一方で、ふと冷静に考えると、これはかなり特殊な仕事です。試合と同時進行でしゃべってスポーツを伝える——文字で表すなら、それだけです。「だからなんなんだ！」「どこがおもしろいの？」「それってそもそも必要なの？」という声があがっても不思議ではない面もあります。スポーツ中継に親しんでいる方はもちろん、そうでない方にとっても、近くて遠い職業なのではないかと思います。

そんな実況アナウンサーの生態や心情、こだわりなどの一端を知っていただき、日々のスポーツ中継を、これまで以上に楽しむための一助になればと願い、筆を執ることといたしました。大げさかもしれませんが、実況アナの魂をかいま見ていただければ幸いです。

ですので、実況を学術的に分析する専門書のたぐいではありません。また「100倍楽しく」と銘打っていますが、100倍とは申しません。隠し味程度に、スポーツ実況を楽しめる存在になれば幸いです。

プロ野球も開幕し、季節はまさにスポーツの春爛漫。来年の東京オリンピック、パラリンピックなど、今後はスポーツイベントが目白押しです。これからますます日本中で多くのスポーツが中継されます。主役は、鍛え上げられた身体と技で私たちを魅了する選手たち。そして、そのすべての場に、心血を注いでスポーツの魅力を伝える実況アナの姿があります。彼らに心からのエールを送り、筆を進めてまいります。

2019年3月

大藤晋司

目次 contents

今日は(オレにとって)キビシイ試合運びになるな…
?
カタ手からはいるタイプ
!

第2章　おいしい実況の作り方、味わい方
――実況アナは料理人

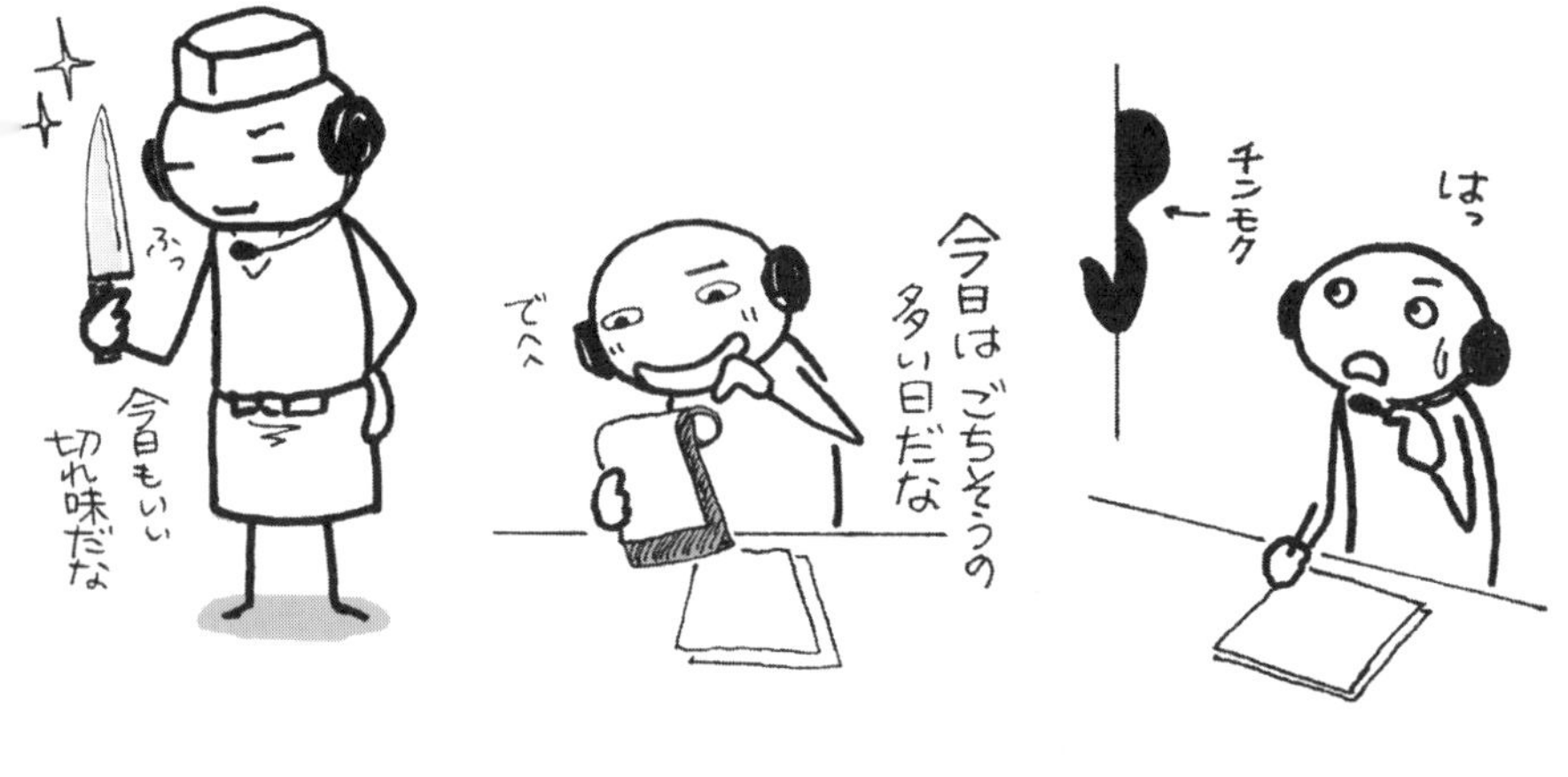

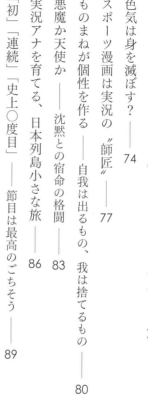

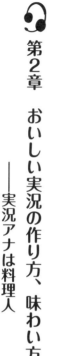

いきがイイねぇ
道具のお手入れ中
22匹のアサリを見分ける
おおっ
動いた！

第3章　偉大なる実況アナ
——記憶に残る名ゼリフ

この高さが限度
当時、着地をマネする子供が続出
着地！
グリグリ
オレはなんてやましいことを考えていたんだ！

第1章 実況あるある

「お前はいったい誰だ！」

これは、実話です。

あるサッカーの中継での話。試合は1対1の同点で終盤アディショナルタイム。最後の攻防に入った。ゴール前にボールが放り込まれ、両チームの選手が入り乱れた大混戦に。

そして、ゴールネットが揺れたのが確認された。決まった！　ゴールだ！

試合を決定づける、劇的なゴールだ！

勝利を確信したチームは得点を決めた選手の上にのしかかり、ゴール前に小さな人の山ができている。そのとき、放送席の彼が叫んだ。

「(シュートを）打ったのは誰だ！　打ったのは誰だ！　お前はいったい誰なんだ！……」

あまりの珍実況に、これを聞いていた、次の試合の実況を担当するアナウンサーはつぶやいた。「(実況している）お前がいったい誰なんだよ……」

サッカーは、ピッチ上に22人のプレーヤーがいて、キーパーを除いてポジションが流動的に動くスポーツです。こうした競技を実況する上でのアナウンサーの鉄則は「22人の位置関係を常に把握し、ボールを持っている選手の名前は常に言うこと」。そして何より「サッカーはゴールが最大の見せ場。シュートを決めた選手の名前が言えないのは、最大のご法度」とされます。だから実況アナは、それこそ血眼になって、ピッチ上の選手の動きを追いかけまくります。ゴールの臭いのするエリア内のプレーでは格段に緊張感が高まり、まるで強迫観念に取りつかれたように「誰がシュートを打つのか」を意識します。

彼も、そうでした。しかし不幸にも肉弾戦となってしまい、シュートを決めた選手は放送席から見えませんでした。さらに不幸なことには、その選手は歓喜の人の山の中に完全に隠れてしまい、なかなか確認できません。選手の名前を言うことに急き立てられた彼の興奮は最高潮に達し「お前はいったい誰なんだ!」と、叫んでしまったのです。

表現としては、もちろん不適切です。でも、そう言いたい彼の心情は、痛いほどわかります。サッカー実況で「一番守らなければいけない約束事」を守れない焦りが、この珍実況を生みました。ちなみにこれは全国高校サッカー選手権で起きた一コマで、彼は、決勝ゴールを決めたチームの地元の放送局のアナウンサー。日頃からの熱心な取材で一目おかれていた人物です。彼自身のチームへの思い入れも相当なもの。それもまた、「お前はいったい誰!?」という悲鳴にもつながったのかもしれません。

皆さんが聞いていて「?」と思う珍実況には、実は2種類あると思ってください。単に技術が未熟ゆえのものと、思い入れが深すぎるゆえに〝心の声〟がとっさに出てしまうものです。「お前はいったい誰だ!」は、私は今も、後者だと思っています。

せっかくいいこと聞いたのに

あるプロ野球のコーチの方から伺った、身につまされた話です。
試合前、当日のベンチリポート担当の女性が、ある選手について質問してきました。その選手はファームでの下積みを経て、当時出場機会が増えていました。この日も出場する可能性が高いと踏んだ彼女は、入団当初から指導するコーチの評価を伝えようと考えたのです。そこでコーチは、こう話しました。
「あいつは、足は遅いし守りも特別うまくはない、バッティングもまだまだだよ。でも、局面ごとに自分に求められることを理解したプレーができる。試合の流れを壊さない、安心して試合に出せる選手だね」
思惑通り、彼は中継中に途中出場してきました。彼女はここぞとばかりにマイクを握ってリポート開始。「放送席○○さん、守備についた××選手ですが、△△コーチの話ですと『あいつは、足も遅いし守りも特別うまくない、バッティングもまだまだだよ』……」そこで、「打ちました、ファーストゴロです。ベースを踏んでスリーアウトチェンジ。この回は三者凡退。無得点です」の実況が……。無情にも、そのままCMに入り、その後、リポートの続きが入ることなく試合は進み、放送は終了してしまいました。

選手やコーチなどの肉声を伝え、放送に厚みを与えるリポーター。足繁く現場に通い、〝ここだけのいい話〟を入手する、地道な努力が必要な一方、刻々と展開が変化するスポーツ中継では、さまざまな制約の中での仕事を余儀なくされます。本題に入る前にコメントを遮られ、そのあとほったらかしなど、織り込み済みでなければ務まりません。

それゆえ伝え方にもひと工夫が求められます。この例でいうと、先に「あいつは試合の流れを壊さない、安心して試合に出せる選手」と先に言ってから「足も遅いし守りも特別うまくない……」のくだりを言えば、〝悲劇〟は避けられたはずです。

情報を入手する能力と伝える能力の両方が求められる、リポーターの奥深さと難しさが垣間見えるエピソードです。

この話には、後日談があります。

翌日、別の選手がコーチの元を訪ねてきて「△△さん、ひどいじゃないですか。××のこと、全然いいこと言わなかったじゃないですか。かわいそうですよ」と訴えました。彼はキャッチャーで、配球の勉強をするため試合を録画し自宅で見直すのが日課のため、そのリポートを耳にしてしまったのです。コーチは慌てて若手選手に釈明する羽目となり、「冷や汗かいたよ。よかれと思って話したことなんだけどね」と苦笑していました。

実は快楽？　不審の二度見も修業の証

その日、彼女は、いつもより遅く帰宅の途についていました。
月末、たまった事務処理を上司に頼まれ、心ならぬ残業を終えた彼女。少々ブルーな気分を引きずりつつ、地下鉄の駅から地上に出てきました。

ここから家まで歩いて7、8分。住宅街ですが、だいぶ人通りも少ない時間帯となっています。途中にはコンビニが一軒あるだけ。街灯はあるもののちょっと心細く感じる暗さの中を、彼女は重い足取りで歩を進めていました。

すると、斜め後方から、なにやら変な音声が近づいてくるのに彼女は気づきました。男の声ですが、会話ではない。一人の声です。

胸騒ぎを感じた彼女は少し足取りを早めましたが、声はなおも迫ってきます。「いったい何なの……」胸騒ぎは恐怖に変わりました。

そして声の主はついに、彼女の横に並びました。そのとき彼女は、はっきり聞こえた声の中身に、思わずそちらを二度見してしまいました。

「五回の裏、ドラゴンズがチャンスを迎えました。二番立浪、三番パウエルの連続ヒットでノーアウト一、二塁となって打席には大豊です。解説の三沢さん、ジャイアンツ先発槙原の投球に変化が見られますか？　うーん、少し変化球が甘くなってきましたね。となると、ここでの大豊の狙いとしては？　そーですねー、前の打席フォークで打ち取られてますからねー……」

その男は、実況と解説の一人二役をしながら、架空の試合をしゃべっていたのです。そして男は、二度見された気配は感じつつも、架空実況が佳境に入ってきたため、彼女のほうを見ることもなく、そのまま早足で夜の闇に消えていきました。

出来の悪い短編ミステリーではありません。

二度見された声の主は、28年前、帰宅途中だった新人アナの私。二度見されたことは、家に着いてから思い出しました。

「実況はまず、口を動かすこと。考えるより先に口から言葉が出るよう、用語やリズムを身体に染み付かせろ」。先輩アナからの教えを、その日私は忠実に実行していました。反省すべきはただ一点、周りが見えなくなっていたことです。

通りすがりの彼女の心中はもちろん想像ですが、当時の状況を考えると、不安や恐怖が湧いたに違いありません。申し訳なかったと、今も思います。ただ、そのときの私の胸中も、実ははっきり覚えています。架空実況の盛り上がりにわくわくし、とても気持ちがよかったー。これが偽らざる心境です。

しゃべらない、だけど最強&最恐の隣人

スポーツ中継におけるしゃべりの仕事といえば、まずは「メイン実況」。次に「リポーター」、他には「インタビュアー」とか、会場とは別の場所を仕切る「スタジオ進行」などが思い浮かぶでしょうか。

実はもう一つの仕事があります。言い方は複数あるようですが、私が在籍した局では「サブアナ」と呼んでいました。「アナ」の「サブ」、即ち「傍ら」。読んで字のごとく、メイン実況の傍らに座る役割です。

仕事も文字通り、メイン実況のサポート。試合を一緒に追いかけ、見落としや間違いの指摘や、見立てや情報、データなどを、試合の流れの中で最適なタイミングで（これがとても大事）伝達し、実況を助けるのです。

指示はすべて紙に書いて出します。自らはひとことも発さず、番組最後のスタッフロールにも名前は出ません。すなわち放送上は〝存在しない〟、割に合わない役割です

が、実況への影響力は非常に大きく、ときには実況の成否を握るといっていいほどの大役です。

最近は制作スタッフやアルバイトの若者が行うことも多いですが、同業者との差は歴然としています。かゆいところに手が届く度合いが、全く違います。「どこでどういう情報が欲しいか」、「どんなところが間違いやすいか」など、実況アナの視点からのサポートは、本当に効果的でありがたく、気持ちに余裕も生まれます。逆にそこがずれると、非常に煩わしい。「余計なことをしてくれるな！」とストレスがたまります。こうした心の動きは、てきめんに実況に表れます。新人の頃、「実況を生かす

も殺すもサブアナ次第」と教えられたのですが、実に的を射た教えだと痛感します。そういう意味では、サブアナはその人自身の実況の実力を測る指標でもあります。うまい実況をする人は、サブアナも絶妙にうまい。達人の域の人だと、お釈迦様の手の平で踊らされているような感じです。だから自分にサブアナの仕事がつくと、いつも「試されている」という気持ちになって、気合が入ります。この緊張感が、私は新人の頃から大好きでした。最近はとんとご無沙汰ですが、たまに恋しく感じます。

一寸先が読めないスポーツシーンをしゃべるのが実況アナの醍醐味。ただ一方で、それは不安や孤独感との格闘でもあります。そんな心情まで理解し、寄り添い、そっと手を差し伸べてくれる、頼もしき隣人がサブアナ。ただそれは裏返すと、最も恐ろしい隣人でもあります。

実況を聞きながら「隣にいる人は今、どんな仕事をしているのかな」と想像を巡らせると、スポーツ中継のもう一つの面白さが見えてくるかもしれません。いや、さすがにちょっと、マニアックすぎるかな……。

「盗む」「殺す」「借金」——常套句を疑おう

「盗む」「殺す」「借金」。どれも物騒な言葉ですね。

スポーツ実況にはどの競技にも、その競技ならではの常套句《じょうとうく》のようなものがあり、これらはいずれも、野球実況で頻繁に用いられる言葉です。「一塁ランナースタート！　キャッチャー二塁に送球もタッチできずに悠々セーフ！　盗塁成功。ピッチャーのモーションを完全に盗みました！」「送りバントの構え。バントしました。一塁手の前。打球の勢いをしっかり殺した、ナイスバントです」「チーム状態がなかなか上向きません。〇月〇日に勝率5割を切って以来、長い借金生活が続いています」——聞いたこと、ありますよね。

こうした表現は、先達の方々が長い時間をかけて開発し、使い続けて、視聴者の耳になじんでいます。さらりと使うと、聞く側には安心感が湧くし、よりスポーツ実況っぽく聞こえる効果もあります。私もある時期までは、これらの言い回しを実況アナが身に着けておくべき必須の技術ととらえ、積極的に使っていました。

ところが、入社5年目ぐらいの頃、転機となる出来事がありました。

先輩アナとVTRを見ながら、ボクシング実況の勉強をしていました。終盤、スタミナが切れた挑戦者が攻勢に出ようとしますが、前進に力強さがありません。対して王者は軽快にステップを踏み、悠然と逃げ切りを図っている――その様子を私は「挑戦者、もう追う足がありません！」と表現しました。私としてはボクシング実況の〝常套句〟を使ったので、内心、手ごたえを感じていました。

勉強終了後、先輩は私に言いました。「なあ大藤、もしこの試合を、足の不自由な人、例えば本当に足がない人が見ていたとしたら、『足がない』という表現を聞いたらどう思うだろう。あそこは、他の言い方は本当になかったんだろうか」

心に響きました。私たちが常套句と思い、便利に使っている表現は、必ずしも聞く側にとって心地よくない、配慮に欠けた表現もあるかもしれない。そこに思いが至らないのは、言葉を生業とする者としては怠慢なのではないか。そう気づかされ、以来、こうした常套句は、まず疑ってかかるようになりました。

現在私は実況の中で「盗む」「殺す」「借金」を、〝NGワード〟と自らに課し、違う表現をするように心がけています。もちろん「足がない（ある）」もです。実は他局の中継でも、同じことに取り組んでいるとわかる実況を聞いたことがあり、私だけが感じていたことではないと知って、勇気づけられたことがあります。

では、代わりにどう言っているのか？　本当は書きたくてうずうずしていますが、そこは実況を聞いていただき「ああ、そういう言い方もあるよね」とか「ちょっとその言い方は変だな。もっといい言い回しがあるっしょ（北海道弁）」などと、思いを巡らせていただければ幸いです。そうした議論が盛り上がることは、スポーツ実況の、ひいては日本語表現の進化につながると思っています。

車中の〝秘め事〟

「今までの英語教材は続けるのが大変！というあなた。
これは面倒なことは一切いりません。聞き流すだけ！
聞き流しているだけで、生きた英語が、どんどん耳に入ってくるんです！」
――英語を勉強したいと考えている方にとっては、魅力的なＣＭですよね。

では、「スポーツ実況をしたいけど、習得が大変！というあなた。
面倒なことは一切いりません。聞き流すだけ！
聞き流すだけで、生きた実況が、どんどん身に付くんです！」
――なんてささやかれたら、どうしますか。若手アナは、飛びつくでしょうね。
私は、飛びついたことがあります。
20代も終わる頃。当時の私は自分の実況について「そこそこしゃべれている実感はあるけど、なんとなく実況に〝芯〟のようなものがない」と感じていました。もう一つ、殻を破りたい。例えば聞いていて「カッコいい」と感じる、あのアナウンサーのような実況に引き上げられないだろうか――。

そこで思いつきました。「じゃあ、あの人の実況を聞き流してみよう」

ちょうど高校サッカーの実況に向け、準備に2週間ほど時間がありました。対戦する両校とも、当日までに数試合、練習試合を組んでいます。取材の移動手段にマイカーを使う許可を得ると、当時自分が目標にしていたアナウンサーが実況した中継をカセットテープ（そういう時代だったのです）にダビングし、どの会場に行くにも、そのテープを車中で流し続けました。

2週間で5カ所ぐらいは行ったでしょう。名古屋近郊だけでなく、岐阜や三重の、片道2時間ぐらいかかる場所もありました。その間、ひたすら同じ試合の実況が流れます。オートリバース（これまた時代です）なので試合終了するとすぐ冒頭に戻ります。

〝総聴取時間〟は10時間以上、7～8回は繰り返した計算になります。まさに浴びるように聞き続けました。

そうすると、試合展開は暗記します。どの選手がどんな動きをし、それがどう表現されたか、ほぼ記憶します。そして気づけば、テープの音声をなぞりながら、私も実況していました。信号待ちの際の隣の車からは、目を見開き、薄ら笑いしながらしゃべっている、異様な運転手の姿が見えたはずです。

効果は絶大でした。この後の実況から、明らかに感覚が変わりました。自分の目に入る視覚情報を、自分の好みのテンポやリズムで言語化するという変換作業の質が、明らかに上がった実感がありました。間違いなく、自分の実況のレベルを引き上げてくれたトレーニングでした。

今は家族を乗せることが多いのでなかなかできませんが、許されるなら、今でもやりたいです。何より好きな実況を浴びながらのドライブは、気持ちがいい。

実況版〝リスニング教材〟、私はおすすめします。効果が出ない場合は、ご返品もOK……です？

「彼の英語の成績は……」

この発言はスポーツ実況とは関わりが薄いように思うかもしれませんが、私も担当アナとして派遣されていた、ある年の全国高校サッカー選手権の中継で実際に耳にしたフレーズです。

その大会には、一人の注目ストライカーがいました。お父さんはイングランド出身、お母さんは日本人で、風貌は父親譲りのイケメンです。彼の所属する高校が順調に勝ち上がり、頂点が見えてきた、準々決勝か準決勝の中継で出た発言でした。

この頃の全国高校サッカー選手権に携わるアナウンサーたちは、ある哲学を色濃く共有していました。「地元の高校生や指導者、地域の人たちといった、さまざまな市井の人たちの〝物語〟を、一つでも多く伝えることが、われわれの務めだ」。それは高校サッカーを盛り上げるための大義だったという感覚があります。

各地方の担当アナはこの哲学にのっとり、日々、地元で丹念な、それこそ涙ぐましいほど地道な取材を重ね、さまざまなネタを探し集めて全国大会に臨みました。大会が進めば進むほど、実況担当アナの手元にはたくさんのネタがそろいます。自身もネタ集めに奔走した経験があるだけに、多くのアナの熱意と労苦の塊には愛おしさを覚えます。一つでも多く紹介しようとギリギリまで考え、最適なタイミングで披露することを模索する、それが実況アナの使命にして醍醐味、という空気がありました。

「英語の成績は……」も、そんな心理から出たものと推察されます（あくまで推察です）。今聞けば間違いなく「おいおい、サッカーに関係ないだろ」と画面にツッコミを入れますが、あの熱量の中にいた当事者の私は、それを聞き「よくぞそこまで（調べた）！」と、心の中で喝采を送りました。

取材対象からどんなネタを引き出し、それを実況の中でどう生かすか。それは実況アナの力量を示す重要な指標です。「英語の成績」をチョイスしたことは、技量としてみれば「?」ですが、発したアナが取材対象に飽くなき探究心と好奇心を抱いて迫っていることは伝わります。そしてその意識は、実況を志す者にとって必須だと私は思います。

最近は、選手のプライベートの意外な姿やエピソードを中継にどんどん放り込んでくる、〝細かすぎる解説〟が持ち味の解説者がいらっしゃり、好評を博しています。よくよく聞いてみると、「プレーと関係ないでしょ」というものもあるのですが、選手や競技への親近感を促してくれることも多々あります。そう考えると、「英語の成績は……」も、実はあながち的外れな挑戦ではなかったとも思います。

ところで……その選手の英語の成績はどうだったのか? 実況では答えが明かされていましたが、ここでは、彼の名誉のためにあえて伏せます。お察しください。

「思い」を連発するアナは、思ってない

試合も大詰め、息詰まる場面で、選手の表情がアップになる。彼、または彼女の顔の向こうに、背負うものが浮かぶ。そこでよく耳にする言葉が「思い」です。「勝利に懸ける思い」「仲間の、そして家族の思いを胸に」。確かにグッときます。盛り上げどころで使うため、実況アナの〝腕の見せどころ〟に位置づけられ、周到に準備して臨む人もいます。

私も本来はそういう系統のフレーズが大好きな性分なのですが、どういうわけかこの「思い」という言葉にはかなり前から違和感があり、自分の実況の中では禁忌用語というか、なるべく使いたくない言葉と位置づけてきました。なぜそう思うのか、自分でも長らく答えが見つからなかったのですが、数年前、あるスポーツライターの方が自身のブログで書いた文章を読んで、謎が解けました。

そのとき取り上げられたのは、２０１４年サッカーワールドカップブラジル大会、日

本代表の試合の中継です。国を背負って戦う大舞台での実況で「勝利に対する強い思い」という言葉が何度か使われたことを、その方は次のように書いています。

「思い」などという、どうとでも取れる曖昧なボンヤリした感情を示す言葉は、「強い」などという形容詞を付けたところで、全然「強く」ならない。これほど「強さ」のない弱々しい不明瞭な言葉もあるまい。

どうして「勝利に対する強い意志」とか、「餓え」「渇望」「執念」「執着」……という言葉を使わないのか⁉　いや、使えないのか。

「思い」などという言葉を使っている限り、日本人はそれほど勝利を望んでいないのだ、ということを言葉で証明しているようなものだ。

ガツンと頭を殴られたような気がしました。

実は使う側からすると、「思い」は便利な言葉です。言い方を変えると「手抜きができる」。もっと細やかな感情を表す言葉があったとしても、それを探す手間が省ける。とりあえず「思い」を使っておけば、意味が通るのです。そんな言葉を「さあ皆さん、ここは感情の高めどころですよ」と誘導するような場面で安易に使うと、一気に「手抜き」がばれる。そうなったらもう逆効果。試合に入り込みたいという熱に冷や水を浴びせられた気分になる。不快ですよね。それが、私が抱いていた違和感の正体でした。

「思い」には、その言葉を使う人の「手抜き」が透けている。以来、私はそう考えるようにしています。だから、盛り上がる局面で「〜という思い」という言い回しを連発する実況アナは、疑ったほうがいいです。だいたいその人は、「思っていない」はずです。

〝魂〟の無情なる結末

ある秋の日曜日。その日は、いつになく風の強い日でした。
小学生のサッカー大会の決勝戦の日。新人の私は、実況担当の先輩アナの横に座ってサポートをする「サブアナ」の仕事に就いていていました。

サブアナは若手アナにとって、実況の仕事を覚え、一人前になっていく登竜門。さらにこのときは上司の配慮で、事前の取材から先輩と常に行動をともにし、実況アナの仕込みの過程などをひと通り体験する機会をいただいていました。

この大会は、愛知、岐阜、三重、静岡の東海四県の予選を勝ち抜いた8チームのトーナメント。一発勝負なので、どこが勝ち上がるかは予想がつきません。全出場チームの情報を満遍なく準備することが必須です。当時はメールも携帯電話もありません。各予選に出向いて指導者の方の連絡先を聞き、後日、電話や手紙、ファックスなどを駆使して情報収集します。相手の都合に合わせて全チームの情報をそろえるのには根気と情熱が要ります。

そうして集めた情報を先輩が本番用の資料として完成させたのは中継前日の夜遅く。A3用紙1枚のその資料は、予選から1カ月以上かけた力作です。「ああ、実況アナたるもの、こうやって〝魂〟を込めて、資料を作っていくのか」と私は感銘しました。

繰り返しますが、その日は、いつになく風の強い日でした。決勝戦の、その時間は特に。

主審がホイッスルを吹き、「決勝戦。前半の20分が始まりました！」と、先輩が第一声を発したその瞬間――。とびきり強い横風が、バックスタンドに設けられた放送席のテントの中をくぐりぬけ、先輩の手元にあったA3用紙が秋の青空へ、ひらひらと舞っていきました。

ほんの刹那の沈黙があった……ような気がしましたが、先輩はしゃべり続けました。しゃべりながら足元の紙袋から、もう1枚のA3用紙を出しました。

それは本番用資料の「下書き」でした。鉛筆書き、そして走り書きの文字が並ぶ、正直なんとも頼りないその資料もどきの紙

を〝命綱〟にし、懸命に実況を続ける先輩の顔は、なぜか半笑いでした。人は、どうしようもないぐらい追い込まれると、半笑いになることを、私は知りました。そしてサブアナをする私の顔も半笑いだったと、後日、先輩は話していました。

ところで、〝魂〟のこもったあの紙はどうなったのでしょうか。大事を知った中継スタッフの一人が、収録中にもかかわらず自分の持ち場を離れ、スタジアムの外まで追いかけていきました。一歩間違えば収録そのものが危機に陥るところでしたが、本能的に追いかけてしまったそうです。おかげで資料は無事先輩のもとに戻りました。試合時間が残り3分を切ったところで。

先輩は戻った〝魂〟には視線をやることなく、最後まで下書きを頼りにしゃべり切りました。その姿そのものが、仕上げた資料以上に魂を体現していました。

「シンジラレナ～イ」は「信じてました」

あの日、あの場所で「俺も」「私も」叫んだという方。今、文字で見ても、血が騒ぐのではないでしょうか。

２００６年10月12日、札幌ドーム。日本ハムファイターズがプレーオフを制して、北海道移転後初のリーグ優勝を達成。試合後のインタビューの締めくくりに、トレイ・ヒルマン監督が叫んだのが「シンジラレナ～イ」。超満員のスタンドが声をそろえて〝合唱〟した瞬間は、北海道の歴史、そしてプロ野球史に残るシーンです。

このときのインタビュアー、実は私でした。あまたのスポーツアナウンサーの中でもそうそう巡り会えない幸運です。このため自分に回ってくる可能性が出てきたときから、こっそり入念な準備をしました。質問項目、聞く順番はもちろん、通訳を介した外国人へのインタビューなので、質問と答えがスムーズにかみ合う聞き方や、３人が言葉をリレーしたときの全体のテンポやリズムなど、イメージトレーニングを重ねました。

最重要ポイントは、〝決め〟のひとことをどう引き出すか。興奮と感動を最高潮まで引き上げてくれる、そして多くの人の記憶に刻まれ、未来にも語り継がれる〝永久保存版〟のフレーズ。それは絶対に欲しい。だからといって事前に「ヒルマンさん、アレ言ってくださいね」と頼むわけにもいかない。自然な流れでマイクを向けたら必ず言ってくれる決めゼリフは何か。そこは大きなカギでした。

ヒントは日常の取材の中にありました。猛烈な勢いで勝ち進んだ夏場以降、試合前の囲み取材の最中、ヒルマン監督が「シンジラレナイ」という言葉をまぶし出したのです。冷静な口調の英語の中に唐突に入ってくる「シンジラレナイ」という日本語は、妙に耳に残る。そして確かに、あのときのチームの驚異的な勢いは、「Unbelievable」より「シンジラレナイ」のほうがしっくりくる。話しているときのヒルマンさんの表情を見て、ピンときました。さらに通訳の岩本賢一さんに聞くと「今、彼のマイブームみたいです」とのこと。これだな、と思いました。誠実そのものだけど茶目っ気もたっぷりあるヒルマンさんは、日本中が注目するあの場で、きっとこれを言うと確信しました。

こうなるとインタビューは組み立てやすい。ゴールが先に見えて、そこからコースを描く「逆算」ができるからです。高揚感も相当でしたが、いい準備ができたおかげで、冷静に臨めました。最も印象的だったのは、途中でヒルマン監督が何度かニヤリとし、目で合図を送るような顔をしたこと。私には「アレ、やるぞ」というサインに見え、「OK!」と心の中で答えました。そして訪れたあの「シンジラレナ～イ」の大合唱の瞬間。震えるような感動を覚えながら、私は思いました。「ヒルマンさん、信じてたよ!」

聞く側と答える側がイメージを共有できたインタビューは本当に心地いいものです。それをあんな大舞台で味わえたのは、私のアナウンサー人生の中で最大級の宝物です。

資料作りは仏像作り?
最後に眼を入れた結末は……

実況アナにとって、手元に用意する資料は、持ち込み可の試験用の手作り参考書であり、合法的なカンニングペーパーです。あくまで自分の頭の中に整理した情報を「補完する」ものなので、ポイントを絞り、シンプルに、見やすく作ることが鉄則です……が、若手の頃は経験不足で自信がないため、資料に「すがる」心境になり、必要以上に資料作りに熱が入りがちです。

あるボクシング中継で、私はメインイベントの担当を命じられました。KO（ノックアウト）率の高いハードパンチャー同士の対戦で、早い段階でのKO決着の可能性十分。一発のパンチの見落としが命取りになります。気負った私は、これまで以上に見やすく完成度の高い資料を作らねばと、プロフィールやらデータやら取材で得た情報やら、かたっぱしから放り込み、昼夜を問わず何度も書き直し、渾身の〝作品〟に仕上げていきました。あげく、深夜に一人きりの会社で「ああ、仏像を作る仏師の方は、こんな神聖な気持ちで彫っているんだろうな」などとつぶやく始末。

そんな〝入魂〟の日々を経て迎えた中継当日。控え室で私は資料をしげしげと眺め、「いい資料だ〜」と悦に入っていました。

さあここで最後の作業。両選手の陣取るコーナーの色に合わせ、名前の部分を、赤と青に縁取りして完成です。視界に入りやすいよう、より目立つよう、しっかり太い線で囲みます。気持ちも高ぶり、仏像に最後に眼を描き魂を入れるような心境です。「あぁ、きっとこの仏様が自分を守ってくださる。大丈夫、いい実況ができる！」――もはやちょっとおかしな思考回路です。

放送席にスタンバイし、選手も両コーナーで臨戦体制、収録開始です。カーン！ ゴングが鳴りました。よしっ！ 渾身の資料の出番だ……と資料に視線を落とした瞬間、血の気が引くのがはっきりわかりました。

赤と青が、全く逆に塗られていたのです。ええっと、赤に塗られた○○が青のトランクスを履いていて、青に塗られたほうが赤コーナーから出てきた××で……頭の中は大混乱です。「とにかく間違えないように」それだけしか考えられず、慎重に、慎重に言葉を発しているうちに、試合開始から1分あまりでKO決着。資料に書き込まれた情報は、ほぼ、使うことなく終わりました。

放心状態の私に、リング上でのインタビューを終えた後輩アナが無邪気に言い放ちました。「いやー、先輩の実況より、僕のインタビューのほうが長かったですよね！」

以来、心に決めています。実況には、神も仏もない。頼むは、己の力のみなのだ、と。

おつまみメニューで迫真の実況

震えるほどの感動を覚えた経験、皆さんはどれぐらいありますか？

私は、今も鮮明に記憶している感動の体験があります。大学入学間もない頃の、サークルでのある飲み会でした。

私は大学でアナウンス研究会に入ったのですが、入会後何度目かの飲み会に、それまで会ったことのなかったある先輩が参加しました。その方はアナウンサーを目指し、いわゆる就職浪人をしていて、滅多に大学に来ません。それまでは他の先輩の会話の中に出てくる〝伝説の人〟でした。

雲の上の存在のような方を前に、少々及び腰で会話に加わっていると、別の先輩が「久しぶりに、アレ聞きたいです」と、その方の十八番の宴会芸らしきものをリクエストしました。すると先輩は「じゃあ」と、手元のメニューを手に取り、しばし眺めたあと、口を開きました。

「本日の第8レース。北の家族（店の名前です）特別。芝の1800メートルです。スタートしました。きれいなスタート。まず前に出たのは枝豆。すぐ後方に冷奴がついた。お通しの定番、まずは予想通りに先行した。後方に今日はポテトサラダと冷やしトマトがついいた。向こう正面に入りました。ここで肉じゃがが上がってきて、冷奴に並んだ。ちょっと仕掛けが早いか。焼き魚も上がってきた。きょうはホッケだ。脂が乗っている。これはビールが進むぞ。好位置につけた。そこに割って入ってきたのはじゃがバターだ。肉じゃがとややかぶったがこちらも安定の強さ。そこへソーセージ盛り合わせが来た。本命がここで来

た……」

おつまみメニューが出走した架空の競馬実況。第3コーナーのあたりで、私の胸には熱いものがこみ上げていました。実際のレースを見ているわけではないのに、頭の中でレース展開を創作し、それをリアリティたっぷりに実況してしまう、話芸と呼ぶにふさわしい技術。そしてすぐにわかりました。これは天賦の才能だけでは決してできない、たゆまぬ訓練が奏功してのものだと。改めて本当に身震いするような感動が走り、同時に、自分が将来進むべき〝道〟が、目の前に開けた気がしました。

その先輩は今も某ラジオ局で現役のアナウンサーです。たまに声を聞くと身が引き締まり、「あなたのおかげで、今も私はここにいます」と、心の中でつぶやいています。

ちなみにそのレースの勝者は「おしんこ盛り合わせ」。一番人気の「鳥の唐揚げ」、二番人気の「鉄板焼きそば」をゴール前でかわしての、番狂わせの勝利。最後のコメントは「あっぱれ！　おしんこ盛り合わせ。お口もさっぱり！　あとはお勘定！」でした。

観客席の迷える子羊、それは未来の実況アナ

30年ほど前のことです。

10月のある日曜日。秋の高い青空の下、東京は神宮球場で東京六大学野球秋季リーグ戦が行われていました。一塁側、三塁側のスタンドは若者たちが、バックネット裏はオールドファンが集い、思い思いの観戦を楽しむ、そんな〝日常〟を切り裂くように、突然、後方から怪しい声が聞こえてきました。

「三回の表、明治の攻撃、こっ、この回は3番の……さ、坂口からの攻撃です……」

何だ、ラジオの実況か？　いや、それにしては声が細い。何より描写がたどたどしい。ボールの動きを追えてない。ときどき何を言ったらいいかわからず沈黙してるじゃないか。ああーっ、うっとうしい。試合に集中できないじゃないか……もう我慢ならん。

「おい！　うるさいよ！　下手な実況するな！　他のところでやれ！」

振り向いてそう叫ぶと、声の主である学生は、今にも泣きそうな顔で「すいません……」と、蚊の鳴くような声で謝り、ラジカセを片付け始めました……。

書いていて、涙が出そうになりました。切なくも懐かしい、学生時代の私の体験です。よほどの天才でない限り、何もせずに「立て板に水」の実況はできません。実況に必要な語彙《ごい》やリズム、パターンは、繰り返して実践することで、自然に口をついて出てくるようになります。野球なら投げ込み、剣道なら打ち込みに当たる〝しゃべり込み〟は、実況を身に付ける上で、必ず通る過程です。

〝しゃべり込み〟は、最初のうちは苦行です。とにかく、思ったようにいかない。頭の中ではすらすらしゃべるイメージがあるのに、言葉は出てこない、リズムはない、自分で聞いていても「下手だなあ」と嫌になります。野球の実況だと、9イニング、試合終了までやりきるのは苦痛の極みです。球場で練習すれば、周囲の目、いや耳が気になります。こんなしゃべりを聞かれるなんて……とも思います。でも続けなければ絶対に上達しないので、萎えそうになる気持ちを必死に奮い立たせてしゃべりきる。それを繰り返し、少しづつ体に実況をなじませていくのです。

30年前のあの風景は、そんな私の修業中の出来事です。悔しさと恥ずかしさは、今も心から離れません。でもあれがなければ、絶対に今の自分はないと言いきれる、得がたい経験です。

今はネットが普及し、家でも動画を見ながら〝しゃべり込み〟ができるので、こんな若者にスタジアムで出くわすことはないかもしれませんが、もし見かけたら、温かく見守ってあげてほしいと、切に願います。

「CMまたぎとおびょう」とは?

タイトルを見てお察しとは思いますが、あらかじめ申し上げます。この話は、CMが流れない放送局（1局しかありませんが）のことは、全く考慮しておりません。

まずは、言葉の意味からご説明します。「CMまたぎとおびょう」は、「次のCMとその次のCMをまたぐ時間が10秒間です」という、いわゆる業界用語です。

スポーツ中継も他の番組と同じく、放送中に入るCMの本数はあらかじめ決まっています。ただ生放送ですので、どのタイミングで入れていくか、臨機応変な対応が必要です。例えば試合が序盤から目まぐるしく動き、予定のCM数を入れられず後半に入ったとなると、どこかで機会を増やさなければなりません。そういうときに放送席には「次のスリーアウトチェンジで即CM入って、またいでもう1本入りまーす。またぎはとおびょうで」という指示が入ります。1本のCMのかたまりを流した後、10秒間だけ現場の映像を挟んで、すぐに次のCMのかたまりを流しますよ、という意味です。

これは私たちにとっては「その10秒、何かしゃべってつないでくださいね」という指示です。これまでの経過と、これからの展開をつなぐコメントを、10秒以内にまとめてしゃべればOK。「○回を終わって×対△で◎◎がリード、この後は▼の攻撃、●●から始まります……」といった感じ。正直、作業としては特段難しくありません。

普通にやれば、それで終わる10秒。でも一方でこの時間は「実況アナの裁量でコメントをつくることが許される時間」でもあります。しゃべり手の本能がくすぐられ、試合を追いかけてしゃべっているときとはちょっと違う心の動きが出る時間です。私の経験からくる持論ですが、こういうときに発せられる言葉には、実況アナの〝本質〟が出ます。その人の実況観や、その試合への思い入れ、フレーズの好みや言葉のセンスなどが、10秒という短い時間だからこそ凝縮されて現れる、そう思っています。

いい悪いとか、正解不正解とかではなく、「ああー、こういうことを言いたい人なんだ」というのがすごく伝わる10秒間。同業者として一番興味が湧く時間です。「いいなぁー、そういうの、好きだぁ！」とか、「うーん、そうじゃないかなあ」とか、私はよくテレビの前でつぶやいています。逆に、自分がしゃべるときはすごく意識し、妙に緊張する時間でもあります。

中継の中では試合の行く末には関係のない、聞き流しがちな10秒ですが、私たち実況アナにとってはひときわ聞き耳を立てる、特別な10秒間だったりします。

見た目から入る
——勝負ネクタイからパンツまで

当たり前ですが、スポーツ実況は〝音声表現〟です。私たちの仕事には見た目から入る必要は、全くありません。

しかし、私にはありました。そんな不要な、見た目から入りまくった時期が。

一例を挙げます。ボクシングのタイトルマッチ中継担当が決まると、出場する選手の取材の際、試合で着用するトランクスの色やデザインを聞き、同じ色のネクタイを買う。そこから、そのネクタイに合うシャツ、スーツ、さらには下着まで新調する。そしてそれらを家で寝かせておき、中継当日の朝、すべてをおろして身に付け、さっそうと家を出るのです。

ある試合でウガンダ出身の選手を担当することになりました。彼に聞くと「母国の国旗の色の」トランクスを履くとの答えが。ウガンダ国旗は黄色、赤、黒の三色です。そこで休みの日に街を駆けずり回り、正直、使い方の非常に難しい、同色の縞のネクタイを探し出しました。そのネクタイは、実況の当日に締めて以来、家のどこかに眠ったままです。

ボクシングに限りません。サッカー、野球、ラグビー――担当する競技ごとに、いちいちネクタイやらシャツやらの見えるものはもちろん、パンツ（ズボンではなく下着のほう）やら靴下やらをゆかりのある色や柄にそろえることは、少なくとも20代の私には、相当に重要視した〝セレモニー〟でした。

今にして思うとそれは、スポーツという先が読めない、つまり結果を自分でコントロールできないものをしゃべるにあたり、その試合に〝身を捧げる〟行為をすることで運を引き寄せたい、という心理の表れだと思っています。プロ野球のドラフト会議で、抽選に臨む人が、意中の選手にゆかりの深い色のネクタイを締めたとか、下着を新調したという話と同質の、要するにゲン担ぎです。片想いの女性から「私、ピンクが好きなの」と聞き、こっそりピンクのパンツを履くような。いや、こう例えると気持ち悪いですよね。

あくまで私個人のことで、実況アナに共通する心理とは申しません。ただ、他局の中継で放送席が映ったとき、実況アナの服装にそんな気配を感じると、同志に会ったような気持ちで「お前もか」と心の中でつぶやいています。

50代となり、さすがに今はそこまではしていませんが、新しいパンツ（ズボンではないほう）を買うときには「これは次の実況でおろそう」と密かに決めたりしています。

「はい」「ええ」「ほぅ」——あいづちもウデのうち

野球中継の実況後、視聴者の方から「実況が聞きづらい、うるさい」というお叱りの手紙をいただいたことがありました。（残念ながら、初めてのことではありません）
落ち込みながら録音を聞き直してみると、その原因はあいづちだと気づきました。
まず回数がやたらと多い。のべつまくなしに「はい」「はい」「ええ」「ええ」「あー」「ほぅ」。しかも音が強くて一本調子。解説者の話の最中にいちいち飛び込んでくる。煩わしい。ご指摘ごもっともと反省いたしました。

あいづちは「あなたの話を聞いていますよ」「話の続きを聞きたいです」という意思を音声で示すサイン。基本的にそれ以上の意味はなく、普段会話をする上で、深く考えて発することはほとんどありません。ほぼ反射的に、無意識に口から出るということは、発する人の個性や深層心理がそこには出ます。興味のある話を聞いているときと、そうでないときのあいづちは違いますよね。しかもその違いは、感情の振幅に比例してより鮮明になる。あいづちは「心の窓」のような存在で、ゆえに厄介です。

そして、あいづちも音声である以上、視聴者の方にとっては実況の一部、私たちにとっては〝商品〟の一部です。だから、使いこなす必要があります。種類や頻度、リズム、音の強弱――工夫の余地は相当にあります。ただ長年無意識に発していて、しかもクセが染み付いているものを、実況という特殊な環境の中で使いこなすのは、なかなか骨が折れます。

先のご指摘以来、私なりにあいづちのコントロールに腐心しました。放送席の目立つところに「あいづち」と大きく書いた紙を置いたこともありました。解説者の方に、「お話の途中であいづちが少なく聞こえることもありますが、つまらないと思っているわけではありません。意図的に減らしているだけで、ちゃんと聞いてます！」と、放送前に前置きしたこともあります。

こうした抑圧の反動か、あいづちが減った分、今度はうなずきがやたらと大げさになるようで、解説の方に「そこまでしなくてもいいですよ」と〝引かれた〟ことがあります。思いっきり顔を近づけて、ヘビメタのヘッドバンギングのように激しく頭を振っている。そんな自分に気づいたことも、正直、一度や二度ではありません。

あいづちの打ち方も実況アナのウデのうち。聞き比べると、結構な違いに気が付くはずです。わざわざそんな聞き方する人はいないと思いますけど。

episode 17

禁断の〝ドーピング〟実況

タイトルは物騒ですが、大した話ではありませんので、身構えずにお読みください。

「大藤さんは実況前にいつもすることは何かありますか?」この質問をされると、私はまずこう答えます。「ええ、ドーピングを」――まず、みんな引きます。そこでこう続けます。「あっ、正確には、『ド』から始まりますが、『ドリンク』です」

つまり、滋養強壮ドリンクを飲むことです。

入社4年目ぐらいの頃、ボクシング中継の前に、先輩アナが飲むのを見たのがきっかけです。その理由を先輩は「ボクシングは一発のパンチで勝敗が決まる。その一発で、ボクサーの人生も変わってしまう。一つも見逃さないために、神経を高ぶらせるんだ!」と。なるほど実況とは、それほどの覚悟と決意が必要なのか。まだ若手だった私の頭に、強烈に刷り込まれました。

以来、実況前のドリンク投入は私の〝儀式〟となり、やがてそれは数を重ねるごとにエスカレートしていきました。1本3千円のユ〇〇ルをまとめ買いしたり、定期的に薬局を巡って新製品をチェックしたり、成分の比較をしたり。そのうち、根を詰めて準備をして、睡眠不足や疲れがたまった状態で実況する際でも、「ドリンクさえ飲めばなんとか乗り切れる」と考えるようになりました。感覚としては「依存」です。「ドーピング」の表現も、あながち的外れではありません。もし実況に「ドーピング検査」があれば、資格停止処分を受けたかもしれません。

転機はある年のTVh杯ジャンプ大会。例年になく気合を入れ、連日深夜まで会社に残り、ギリギリまで準備を進めました。体力的には結構きつかったのですが、いつものように「ドリンクさえ飲めば大丈夫」と、足元のバッグにとっておきの〝相棒〟をしのばせ、放送に臨みました。

その日の大倉山ジャンプ競技場は、時間が経つにつれ風が強まるという予報でした。競技役員は早く競技を成立させようと、いつになく各選手のスタートの間隔を詰めて競技を進行していきます。息つく間もなく選手が次々に飛んでいき、片時も目が離せません。神経を研ぎ澄ましてしゃべりました。そして放送を終え、私の胸に浮かんだのは「やっぱりドリンクの力は偉大だ。あんなに疲れてたのに、集中力が持ったなあ」。そして充実感とともに、資料を片付けようと開けたバッグの中には、封を切っていないドリンクが……。

その日から、長らくの私のドリンク信仰は消えました。今はもっぱら1本200円を切る程度のものにとどめ、「まあ、気休めだよね」と言い聞かせて飲んでいます（「それでも飲んでるのか！」と突っ込んでください）。

画面に映らない〝百面相〟

ある著名なマンガ家の方が、テレビ番組でこんな話をしていました。

「登場人物の顔を描いているときのマンガ家って、その人物と同じ顔になっているんです。笑顔を描くときは笑っているし、悲しい顔は泣きそうな顔。苦痛の表情を描いているときは歯をくいしばっていて、描き終えるとあごが疲れているのを感じるんです」

「マンガ家もそうなんだ」と、私は画面に向かってつぶやいていました。

実況には一定の〝冷めた目線〟が必要です。プレーを追うだけでなく、手元の資料、スタッフやサブアナからの指示や伝達事項、試合の展開予測など、さまざまなものに意識を向け、その都度、的確な判断を下しながら言葉を発していくので、常に一歩引いた目線が必要になります。

とはいえ、そんな他人事の感覚でしゃべりきれるものでもありません。心の真ん中には常にプレーヤーの一挙手一投足があり、それを追うことはほぼ強迫観念のように体に染み付いています。そういう精神状態のとき、たいてい、選手への感情移入が顔に出ます。

サブアナをしているとき、隣で実況する先輩アナの顔を見たことがあります。

タイムリーヒットを打って歓喜の表情を見せる選手を「ベース上で満面の笑顔！」と実況する先輩の口角は、選手と同じように上がっていました。打たれて交代を告げられベンチに下がる投手を「ここまで我慢して投げましたが……無念の降板です」と言っているときは、眉がハの字に、口はへの字になっていました。

その先輩が特別なのかなと思い、違う先輩の隣についたときにも見てみましたが、程度の違いこそあれ、結果は一緒でした。選手の喜怒哀楽を描写するとき、実況アナは相当の確率で、選手の感情と同じ顔をしています。

ただ、実況時の顔と声は、いつも一致しているわけではありません。うれしそうな顔をしながらも、発する声のトーンやテンポは極めて落ち着いている、などということはよくあります。先述した〝一歩引いた目線〟でしゃべる意識と、心に入り込んでくる感情との葛藤の末、〝顔と声の表情の不一致〟が起きるのです。なかなか、異様です。

ときどき、放送席に小型カメラを置いて、実況や解説の表情も追いかけるスポーツ中継がありますが、私はできればご免こうむりたいです。自分では見たことのない実況時の〝百面相〟や、〝顔と声の表情の不一致〟というオカルトめいた現象を、視聴者の方の前にさらすのは、恐怖以外の何物でもありません。もし、放送席の近くで試合を観戦する機会があっても、実況中のアナの顔をのぞくのはご容赦いただき、そっとしておいてください。

おいしいものは先に食べて成仏させる

　ここでの「おいしい」ものは、食べ物ではありません。実況に備えて取材や調べものを重ねて手に入れる情報やデータ、エピソードなど、その試合の面白さや奥の深さ、選手の特徴や人間性などを紹介する〝ネタ〟です。料理に例えるなら、コース料理の中でちょっとだけ目先を変える、でも、次に出てくる料理への楽しみをさらに増してくれる、気の利いた箸休めでしょうか。
　プロの実況の世界では、試合を忠実に追う、いわゆる描写という意味での実況は、誰もができて当然という前提ですので（そこにも個性がかなり出ますが）、この〝ネタ〟が個性の出しどころというか、他のアナとの差別化につながる面があります。
　これがうまくはまると、実況が引き立ちます。「おいしい」の由来もそこにあります。ただ、諸刃の剣でもあります。箸休めが目立ちすぎてコース料理を台無しにしてしまう、そんな怖さも含んでいます。ネタの質、挿入するタイミング、入れ加減など、非常に奥が深いスキルなのです。同業者の実況を聞いていて、巧みな使い方に出会うと、心からの敬意が湧き、「やるぅ〜」とつぶやいてしまいます。

私はというと、これに関しては「やりすぎ」の苦い経験を何度もし、にもかかわらず、執着がなかなか抜けない。ひとことで言えば「懲りない」。今なお模索し続けている、たぶん、永遠の課題です。

ネタの使い方の鉄則は「おいしいものは先に食べる」。どんなに練りこんだネタでも、所詮は事前に準備したものなので、刻々と展開が変わる試合の流れの中では不要になることも多いのです。少しでも〝活かし〟たければ、まずは早い段階に入れることを原則にし、その上で、今はちょっと違うと感じたら次の機会をうかがう。そういう手順なら、最終的に言えなくても後悔しません。その逆は、かなり落ち込みます。若造の頃、サッカーの中継で、偉そうにネタの入れどころを計算して臨んだら、全く紹介するチャンスが来ずに終わり、自分の浅はかさを痛感しました。

ある高名な料理人さんが残した名言に「素材を成仏させる」というものがあります。食材の特徴を余すところなく引き出し、無駄にすることなく使い切る、との意味だそうですが、実況のネタも一緒。手元にあるものはできる限り使い切りたいのが人情。でも一方で、試合展開を邪魔する使い方はしてはいけない。葛藤の連続です。

おいしいものは先に食べ、そして素材を成仏させて、「ご馳走さまでした」と両手を合わせて箸を置く。そんな実況が理想でしょう。ちなみに私は普段の食生活では断然、おいしいものは最後に食べる派なので、実況のたびに、若干のもどかしさを覚えております。

メンバー表に「ヤツ」がいる

「ヤツ」などと書いていますが、あなたに、悪意や敵対心などは全くありません。むしろ、好意と敬意でいっぱいです。

あなたが「ヤツ」である理由はただ一つ。

あなたの名前が言いにくいんです。

恥をしのんで告白します。私には、うまく発音できず、音が流れたり、つまったりすることが多い苦手な単語があります。具体的にいうとサ行、ラ行の音を含み、かつ同音の連続が絡むようなパターンです。

学生のころから自覚し、何度も何度も早口言葉に取り組んできましたが、なかなか直らない。もどかしくも情けないのですが、いまだ私の前に立ちはだかる現実です。こうした苦手な音は、ニュースやナレーションのように文字を追って読む場合は、まだあらかじめ対策を施しやすいのですが、スポーツ実況のように即興で言葉にしなければならない作業では、この弱点はより顕著に出ます。

そして実況の根幹をなす最重要の情報が、選手の名前です。活躍すれば何度も言い、盛り上がりどころでは連続して叫ばないといけない。もちろん、張りのある発声で、ひときわクリアに。

……という前提で、ある実況を前に、試合前のメンバー表で苦手な発音の名前を見つけてしまった、そのときに湧く感情が「ヤツ」なのです。

見つけた瞬間、その人は〝要注意人物〟に指定されます。言わなきゃいけないのか、できれば言いたくないな、どうしてあなたの名前はそうなのよ――憂鬱と緊張が入り交じった感情が、一気に胸に広がるのです。自分の弱点を棚に上げて。

有名どころを例に挙げると「ササキカズヒロ」（佐々木主浩・プロ野球の「大魔神」）、「ササダマナブ」（笹田学・元ラグビー日本代表）、「ロナルド・デ・ブール」（元サッカーオランダ代表）、「トチノナダ」（栃乃洋・元関脇）、「シンボリルドルフ（皇帝と呼ばれた名馬）」、現役ではご存じサッカー界のスーパースター「クリスティアーノ・ロナウド」などが、私にとっては「ヤツ」です。

「ピッチャー・ササキ、ササダに対してダ

イサンキュウを投げました。ササダ、打ちました。ショートゴロ。ショート・サトダの前、おっと、サトダ、ファンブルした、つかみ直して一塁へ送球。ファースト、ロナルド。ちょっと高い、ロナルド、ジャンプ！　間一髪アウト！　ササダは残念そう、ササキはホッとした表情……」。うーん、書いているだけで冷や汗が止まらない、「ヤツ」だらけの試合。できれば今後も、遭遇したくない試合です。

ちなみに、「ヤツ」は、グラウンド上だけにいるのではありません。

4年連続二けた勝利を挙げ、主力投手だった元ファイターズの金村暁さんが解説した野球中継。放送終了まであと10秒というとき、まとめのあいさつで、私は「解説はカネムラサトっ、サトウ、サトルさんでした」——と、やらかしてしまいました。

金村さん、本当にすいません。あのとき、あなたも「ヤツ」でした。

スポーツ用語の異種格闘技戦

野球中継にて。「九回2アウトランナーなし。追う点差は5点。ファイターズ、土俵際に追い詰められました」――何か変だと思いませんか？

続き。「振り返るときょうの試合は、先発××が立ち上がりからフォアボールを連発、そこから大量失点につながりこの点差となっています。」「まあー、あれは完全にひとり相撲でしたね」と解説者。――何か変なんです。

サッカー中継にて。「コンサドーレを率いる○○監督。先日、来シーズンの続投が決まりました」――やっぱり、変なんです。

ニュース解説にて。「○○議員のきょうの国会でのこの発言はひどいですね。政治倫理的に完全にアウトです」――おいおい、変でしょう。

「土俵際」「ひとり相撲」は相撲の用語。「続投」「アウト」は野球の用語で、それらが別の競技の実況で使われています。三つ目は、スポーツの場面ですらありません。場面に合った適切な言葉を使うというルールに厳格であるなら、これらはすべて〝間違い〟です。

ではこれらは、意味が通らないかというと、そんなことはありません。それどころかむしろ、状況がより深く伝わる感じがします。

これらは「例え」「比喩」です。例えは、聞く人のイメージが共有されないと、使う意味がありません。それを百人が聞いたら、百人全員が同じ情景と意味を頭に浮かべる前提で使用します。

そう考えると、土俵際もひとり相撲も、続投もアウトも、特定のスポーツの競技用語の枠を超えた一般用語として、日本人に認識されているといえます。

例は他にもたくさんあります。相撲であれば、勇み足、待ったなし、がっぷり四つ。同じ土俵で勝負する、まわしを締め直す、他人のふんどしで相撲を取る。野球なら、アウト、セーフは言うに及ばず、登板、降板、トップバッター、ピンチヒッター、クリーンヒット、絶好球に隠し球……少なくともこれらの言葉を不意に言われて、意味がわからず混乱する人は、ほとんどいないと思います。

これは、野球と相撲がどれほど日本の社会に深く浸透しているかを証明しています。

この領域まで達したスポーツは、日本には他にありません。サッカーの「イエローカード」「レッドカード」あたりは、かなりいいところまできていますが、全体としてみれば、やはり野球と相撲には及ばないでしょう。この二つが「国民的スポーツ」といわれるゆえんです。

競技用語は、スポーツ実況の要。自在に操るのが当然で、間違えたり、知らないというのが視聴者に伝わると、信頼度は地に落ちます。だから新しい競技を担当する際は必死になって覚えるのですが、複数の競技を担当し、たくさんの用語を覚えるほど、野球と相撲の傑出した浸透度を実感します。実況中、ついつい「これはアウトでしょう」「もう待ったなしですね」という表現が頭に浮かび、その都度「違うぞ、言い換えろ」という回路を働かせることもしばしばです。

まあ一般用語化しているので、たまにはセーフですよね……っておいおい。

episode 22

「欲から入って欲から離れよ」——ノムさんに学ぶ

スポーツ実況は、目の前のプレーを忠実にしゃべる、「プレーの僕《しもべ》たれ」が原則です。とはいえ、生身の人間がすること。個人の「欲」が、そこにはどうしても入ります。その大半は、「伝えたい欲」です。今起きたプレーの内容をわかってほしい、選手のプレーの素晴らしさを知ってほしい、このあいだ取材して聞いたいい話を教えたい――そんな意識から来ています。

これは、実況アナという人種を支える、根源的な欲だと思っています。伝える技術を得るために鍛錬したり、丹念に取材をしたりするエネルギーとして、心の中に燃やし続けなければならない炎のようなものだと思います。

ただ、人生と同じで、欲にまみれるとたいていよくない結果になります。

別の「あるある」でも書きましたが、私の実況は視聴者の方から「あいつの実況はうるさい」「しゃべりすぎだ」とのご批判を受けやすい傾向にあります。

その最大の要因は、そう聞こえてしまう技術的なつたなさにあり、改善していくのは永遠の課題だと自覚していますが、それだけではありません。ひとことでいえば、私という人間の〝性根〟の問題です。要するに「伝えたい欲」が過剰なのです。

「欲から入って欲から離れよ」――これは「ノムさん」こと野村克也さんの著書の中にあった言葉です。意味は要約すると次のようなものです――「自分のバットで決めてやる」「最後はストレートで三振を取りたい」、そうした欲は、人間が成長する上でも、勝負に臨む上でも大切なことであり、否定されるものではない。ただ、その欲に縛られると、心から繊細さが奪われ、力みがミスを生む。その結果、チームと自分自身から成功を奪い取っていく。成功したい欲を持って己を鍛え、事に当たってはその欲から離れる、その自制する力が、勝負事では大切なのだ。

野村さんは野球の極意を端的に表した言葉を数多く残している「名言の宝庫」。この本も実況で使えるかもしれないという気持ちで読んだのですが、自分の〝性根〟をズバリ言い当てられたような気がして、強く心に刻まれました。「伝えたい欲」は、確かに実況アナにとって大事かもしれない。だが、その欲にとらわれすぎると、伝えるという目的の本質から外れ、発表ありきのしゃべりになってしまうのではないか。そこが、お前の実況の課題なのだ――そう指摘されたような気持ちでした。

　このことを別のコラムで書いたところ、視聴者の方からお手紙をいただきました。

「あなたのご意見、ごもっとも。最近は自分の知識や取材したことを自慢げに語る実況が多くて辟易《へきえき》していました」とご賛同をいただき、ありがたかったのですが、それは暗に「お前のことだよ！」というご批判だったのではとも思い、なんとも複雑な心境でした。ただ、目指す方向は間違っていないと実感できたので、大事な教えとして今も心に留めています。

色気は身を滅ぼす？

「伝えたい欲」に加えてもう一つの欲が、私たちにはあります。
考えた言葉を声にして人に聞かせる行為である以上、実況には「自己表現」の側面が

あります。ならば少しでも「カッコいい」ものを世に出したい、という感情が生まれるのは必然で、抑えるのは難しい。これは欲というより「色気」です。

最も色気が出るのは当然、試合が大きく動くシーンの実況。野球ならホームランやタイムリーヒット、満塁のピンチをしのぐ三振やファインプレー。サッカーならもちろん得点が入った瞬間などです。こうしたシーンで選ぶ言葉の種類は多くはありません。「打った」「入った」「捕った」「三振」「ゴール」「決まった」――何はともあれ「起きた事実」です。〝何を〟言うかで違いは生まれない。となると〝どう〟言うかです。

高いトーンの透る声の「うったぁーーー‼」。大きな抑揚で波打つように伸ばす「うったぁ～～～！」。語尾を伸ばさず弾く「打った！」。あえてだみ声のように、どなるように叫ぶ「ウッタァ、ア゛ア゛ア゛ア゛！」等。どれになるかは実況アナの好み、というより「自分が一番カッコいい」と無意識に感じる、心の叫びです。

20年以上前のことですが、全国の若手アナを集めて行われた高校サッカーの勉強会に参加したとき、講師を務めた先輩が「サッカーにおけるゴールは単なるプレーではなく、精神の解放だ。心の叫びを伝えることがサッカーの本質に適った表現なのだ」と熱弁をふるいました。その後、全国のサッカー中継で、さまざまな挑戦が行われました。

「ゴーーーーーーーーール！」と息が続く限り伸ばすものあり。「ゴール！ゴール！ゴール！ゴール！ゴール！」との反復あり。それを変形させた「ゴル！ゴル！ゴル！ゴル！ゴル！ゴル！ゴル！ゴル！ゴル！」と短く縮めた連呼あり。さらに巻き舌にし「ゴォウォル！ゴォウォル！ゴォウォル！ゴォウォル！ゴォウォル！」ありあり……。今思い出すと、熱に浮かされたような狂瀾《きょうらん》ぶりでした。

文字に表してみると、明らかに描写表現を逸脱しています。それだけ、ここに込められた色気は、実況アナの生身の姿を表しています。ちょっと変態的ですが、素っ裸の自分を皆さんにさらすような怖さと恥ず

かしさ、そして快感の入り混じった瞬間でもあります。

恐ろしいのは、ひときわ目立つ場面なので、このひとことが実況全体の印象を決めてしまう傾向があること。全体を通して聞くと緻密に組み立てられた素晴らしい出来でも、失敗の烙印を押されかねないリスクを持ちます（もちろんその逆もあります）。わが身を滅ぼしかねない、しかし心をとらえて離さない魔力を持った「色気」なのです。

スポーツ漫画は実況の〝師匠〟

ふざけているわけではありません。真面目に、そう思っています。
小学生の頃、私は漫画少年でした。卒業文集では「将来の夢は漫画家」と書きました。その後、画のセンスと創造力のなさに気づいたことで道を誤らずにすんだのですが、少年時代の私の心を支配したのが漫画でした。

最も夢中になって読んだジャンルがスポーツ漫画。特に野球漫画の巨匠・水島新司先生の作品にどっぷりつかり、『ドカベン』『一球さん』『あぶさん』『球道くん』『野球狂の詩』などを、むさぼるように読みました。

水島先生の野球漫画は、それまでの『巨人の星』に代表される荒唐無稽なフィクション野球漫画とは一線を画すもので、プロ野球の現場に足を運び、緻密な取材に基づいた「あるかもしれない」と思わせるリアリティが特徴です。この世界観に私は夢中になりました。

どの野球漫画にもたいてい、ストーリーの進行役やプレーの解説役に実況アナと解説者が登場しますが、水島作品はそれもかなり真に迫るものでした。当時の私には、漫画のセリフとしてではなく、球場の歓声とともに実際の放送として耳に入ってくるような感覚で読めました。それを繰り返し読むことで、野球用語や表現、実況のリズムやテンポ、さらに野球という競技の本質のようなものを、知らず知らずのうちに頭に染み込ませていったと思っています。大人になり、この仕事に就いてから改めて何度か読み返してみたのですが、結構自分が使っている実況表現が書かれていることに気づき、影響を受けたことを実感しました。実況の商売道具として身に付ける上で、この体験は間違いなく私の素地になったと思います。

入社4年目でボクシング実況に携わったときには、森川ジョージさんの名作『はじめの一歩』を参考書のように読みました。そこで得た知識を基にボクサーを取材すると、いい話がどんどん引き出せるので、そのリアリティに驚き、「漫画は実況を育てるツール」だと確信しました。

以前、漫画家を養成する専門学校を取材した際、こうした私の体験を話したところ、「漫画家の条件と聞くと、画のうまさとかを連想すると思いますが、プロとして仕事をするには『取材力』の高さが欠かせないんです。魅力的な創作は、現実を知らないと描けないですからね」と講師の方に言われて、とても印象に残っています。

私は今も、頭の中を整理したいときには、お気に入りのスポーツ漫画を手に取るようにしています。私にとっては大事な地ならしの作業であり、鍛錬の一つ。はた目には、ただ漫画を読んで休憩しているように見えるでしょうけど。

ものまねが個性を作る
——自我は出るもの、我は捨てるもの

実況は習うより慣れろ、しゃべれた者勝ちの世界です。手っ取り早く身に付けるなら、過去の試合ビデオを見て、あるいは試合や練習を観に行き、グラウンドや体育館の片隅でしゃべる。それを何度も何度も繰り返す。実践あるのみです。

ただこれだけだと、「どこがよくてどこがよくないのか」、「なんとなくいい感じに聞こえないけど、どう直したらいいのか」などの答えを探しにくい。教科書も参考書もありませんから、自分なりの基準が見えにくいところがあります。

そこで役に立つのが「ものまね」。まず、自分が聞く側として「うまいなあ」「わかりやすいなあ」「心地いいなあ」と感じる実況アナを見つけて、その人の実況をたくさん聞き、頭の中にフレーズやリズムを染み込ませる。その上で、またビデオの前やグラウンドでしゃべってみる。これを繰り返すと、以前はしっくりこなかった部分が、霧が晴れるように補正されていき、完成度が上がっていきます。噺家《はなしか》さんは、師匠の演目を舞台ソデで聞き、その後に壁に向かってひとりしゃべりをして師匠の味を身に付けると聞いたことがありますが、似たようなものかもしれません。

やっているほうとしては、参考にするアナのしゃべりに自分のしゃべりを「近づける」、あるいは「染めていく」感覚があります。好きな実況に近づいてうまくなる実感も得られるので、いいことずくめのようですが、「他人のしゃべりのコピーをしている」抵抗感を覚えたり、「俺は自分の個性を大事にしたい。人のまねに染まりたくない」と、この手法を否定する人もいます。

私はそんな意識は全くなかったのですが、気持ちはわからないではありません。どの言葉を選び、どうしゃべるかはその人のアイデンティティ。それが他人のものまねに染まることへの疑問は、あって当然です。

その答えは数年前に見つけました。私の青春時代に一世を風靡した「実況の革命者」、古舘伊知郎さんの著書に書かれていました。

「ものまねは洗練されればされるほど似なくなる。まねをしている人の自我が、まねを許さなくなるから。徹底してものまねをしようと試み続けて、そこから生まれる『ズレ』がオリジナリティであり、スタイルとして残る」

大きくうなずきました。ものまねはどんどんやるべきなのです。徹底してやれば、その人の個性は勝手に出てくる。隠れていた〝自我〟を掘り起こしてくれるのです。逆に中途半端なものまねは、表面的にうまくしゃべりたいという〝我〟。これは捨てたほうがいい。

自我は出るもの、我は捨てるもの。これを知ってからは、何歳になっても、後輩のしゃべりであっても、「いい」と思ったら、遠慮なくものまねしようと心がけています。

あれっ？　反対にまねされたことが、思い出せない。これって……!?

悪魔か天使か

――沈黙との宿命の格闘

「アナウンサーって、どんな職業？」１００人に聞けば、まあ95人は「しゃべる仕事」と答えるでしょう。その通りです。

アナウンサーとはしゃべる仕事――このシンプルな定義は、私たちのささやかなプライドでもあります。特にスポーツ実況は、数あるアナウンサーの仕事の中でも、のべつまくなしにしゃべっている印象があります。印象ではなく、事実そうでしょう。口はばったいですがそれは、どんなシーンが目の前で起きても、言葉に変換して伝えてみせるという気概、伝えなければならないという使命感に支えられています。これらがなければ、この仕事は務まらないと思います。

ただこれは呪縛でもあります。「しゃべるのがアナウンサー」なら、逆にいうと「しゃべらなかったら、アナウンサーじゃない」。となると、「しゃべる」の反対、つまり「沈黙」は、最大の敵であり、恐怖となって、私たちの前に立ちはだかります。

もちろん個人差もありますが、私にとって〝彼〟は相当の難敵です。実況中のちょっとした隙に入り込んできて、心をかき乱すのです。「お前は今、言葉が出ないんじゃないかぁ？　そんなことでいいのか？　ほらしゃべれ！　何かしゃべれぇ！」と攻め込んできます。ところが、脂汗が出るぐらい長く感じた沈黙も、後から聞いてみると、5秒にも満たないことがほとんど。〝彼〟との格闘はほんの刹那の、しかし放送終了まで常につきまとう、宿命の対決なのです。

新人の頃、系列の大先輩アナが研修の講師を務めてくださいました。教材はご自身の実況のビデオ。陸上競技の棒高跳びでし

た。

選手がポールを掲げ助走体制に入った瞬間から、バーを飛び越えるまで、ひとこともしゃべりません。スパイクで助走路を駆ける音、場内の声がどんどん静まり、息を呑んで跳躍を見つめる緊迫感、飛び越えた瞬間に弾ける歓声、そのすべてが鮮明に耳に入った後でひとこと「跳んだ！　成功！」――ひきこまれる、完璧な実況でした。

「状況によっては、沈黙したほうが臨場感が伝わる。言葉にしないのも技術のうちなんだよ」と説く姿には、後光が差していました。

沈黙は悪魔ではなく、実況を生かしてくれる天使にもなる。理屈は、その当時からわかってはいます。しかし、実践の道は険しい。今もなお、他人の実況を聞いているときでも、沈黙が生まれると心臓の鼓動が速くなり、かたずを飲む始末。いつの日か、天使が傍らで微笑む、そんな領域に到達しなければと思っています。

実況アナを育てる、日本列島小さな旅

ひとことでいうと、旅番組のリポーターは実況の修業になるという話です。

スポーツのわかりやすい楽しみ方は「ご当地合戦」に尽きます。代表例は夏の甲子園。普段はスポーツに関心がない人でも、このときばかりは郷土の代表校が気になる。実家に近くない、なじみのない新設校でも、勝ち上がるとなんだかうれしい。負けてしまうと、残っている一番近い県の代表校をとりあえず応援する――そんな経験、ありますよね。この心理は万国共通のものです。

となると、この心理に共感し、応えることも、実況アナの使命です。たとえ行ったことがない場所でも、ご当地情報を踏まえてしゃべります。さりとて浅く安っぽいコメントは逆効果。仮に空想であっても、リアルな郷土愛を表現するのが技術というものです。

私がそれに直面したのは全国高校サッカーのときでした。大会はトーナメントなので、実況アナは、勝ち上がる可能性のあるすべての代表校の情報を網羅します。そして大会は冬の風物詩として年末年始に放送されるので、ご当地紹介もまた必須。私は準々決勝を2度担当し、合わせて24のご当地紹介をつくりました。土地柄、歴史、ゆかりの人物などを組み合わせていく作業は、まるで旅のしおり作り。すべての地に足を運べるわけではなく、今のようにネットで手軽に検索できる時代でもないため、頼りは己の想像力と感性。「地元に暮らす人の気持ちになって」考える力が鍛えられます。

運よく現地に行けたときは、本来のサッカーの取材以上に五感を研ぎ澄まし、自分だけのご当地ネタ探しに躍起になりました。道中で「これだ」と感じるものを発見すれば、即座にメモして書き残す。後でその背景を調べ直して情報を補強し、放送用のフレーズに練り直す……。実はこの作業、旅番組を担当するリポーターが、気が利いたコメントを考えるのと同じです。当時私は全国ネットの情報番組も担当していて、こうしたことは厳しく教育されたので、その経験が生きました。

「東海道五十三次、五十二番目の宿場。『矢橋の帰帆』で知られる滋賀県草津市からやって来た草津東高校」。「対するは岩手代表、柳田国男の『遠野物語』の舞台となった民話の郷、岩手中部の盆地・遠野市にある遠野高校です」——これは実際に使ったフレーズ。「室蘭駅のホームには、噴火湾でサッカーボールを潮吹きするクジラが描かれています。そんなサッカーが盛んな街、室蘭の象徴的存在が、出場25回、準優勝1回を誇る、室蘭大谷高校（当時）です」――こちらは用意したものの、途中で敗退してしまって披露できなかった幻のフレーズです。

実況全体からみればこれらは小さな「破片」。正直、なくても問題ない性質のものです。ただそれを考える過程は、「誰のためにしゃべるのか」という実況の本質を見つめる上で大切な意味があると思います。最たる例は〝世界の運動会〟、オリンピック。選手たちが生まれ育った国の風景が見えるオリンピック実況とそうでない実況では、感動の度合いに格段の差があります。ご当地という視聴者の心の琴線に触れる情報を提供しようというこの技術は、スポーツ実況の根幹に関わる大事なものなのです。

「初」「連続」「史上○度目」——節目は最高のごちそう

「今夜のおかずは○○よ」——子どもの頃、○○が何であるかは、その日一日を支配する最重要キーワードでした。好物ならば一日中上機嫌。忘れ物をしようが先生に怒られようが気にならない……。本能に忠実なのか単純なのか、私はそんな子どもでした。そして恥ずかしながら、齢50を過ぎてなお、実況という仕事の中で、この気持ちを味わい続けています。

実例その一。2016年7月12日、バファローズ対ファイターズ戦。ファイターズの連勝が15にまで伸び、球団記録を更新して迎えたこの試合に勝てば歴代3位の大型連勝、日本記録の18も視界に入ります。試合は3対4、ファイターズが1点を追う9回。一打同点の場面で打席に大谷翔平。初球を打つもピッチャーゴロで試合終了。「歴史的連勝がついに止まりました！」——と締めくくったときは、大好物を最後のひとすくい、いや、皿まで舐め尽くして「ごちそうさまでしたぁ」と合掌した気分でした。

その二。2018年5月8日、同じくバファローズ対ファイターズ。清宮幸太郎選手が1軍デビューから5連続試合安打を放ち、高卒ルーキーの日本プロ野球記録を更新して迎えた試合。この日安打が出れば、新人選手の日本タイ記録です。さらにそれを、プロ初ホームランで達成するかも……。ごちそうが一品ばかりか二品も目の前にある心境です。放送開始がちょうど清宮選手の2打席目。なんというタイミング。そして2球目に特大の当たりが出るもわずかにファール（最後はピッチャーゴロ）。そして3打席目に待望のヒットが出て「日本タイ記録！」と実況。「あ〜おいしかった」と言いながら箸を置きました。

実況アナはもちろん、試合をコントロールできません。どんな展開でも全力でしゃべるのです

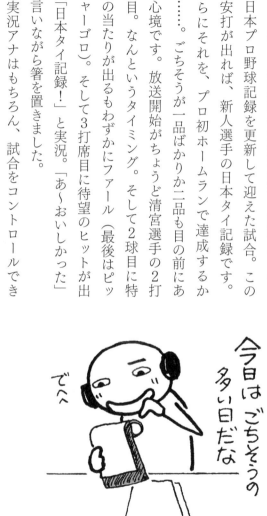

が、そこは人間。「こんなワクワクするようなことが待ってるよ」と言われれば、やはり気分も乗ります。それが〝節目〟です。初○○、△△連続、何年ぶりの××——そういう節目が目の前にあったら、言いたい。それが性《さが》です。その注目度や価値が大きいほど、言いたい衝動も増す。いてもたってもいられない。今夜のおかずがごちそうと告げられたときのソワソワに重なります。

ごちそうをいただくにはそれ相応の作法が必要です。内容を確認し、背景を知り、達成の瞬間のイメージを膨らませて、そのときを待つ。逆に狙いが外れたときのコメントも、同じレベルで考える。これがまた楽しい。ごちそうを食べる自分を想像し、生つばをためているときの心境です。一方で、おいしい節目を他のアナにしゃべられると、なんとなく悔しい。ごちそうの最後の一口を、隣の人にさらわれたような気分になります。

一見、目立った節目がなさそうなときは……探します。重箱の隅をつついて、こじつけと紙一重の数字の結び付きや面白がりどころを見つけ出すのです。ただ、実際にしゃべるかは別。「さすがにこれはないな」と、無駄骨に終わることも少なくありません。でも、それが楽しい。留守番中に戸棚のおやつを探し、好物を発見したら「あった！

やった！」と色めきたつようなものです。

「節目」は最高のごちそう。大人げないといわれても、それは実況アナの性分です。きょうもどこかで、ごちそうに食らい付くアナの快感の絶叫がこだましています。

挨拶はいつも「おう、久しぶり、ところでさ……」

「同じアナ（穴）のムジナ」などという業界言葉があるほどに、アナウンサーをする人間は元来、志向が似ています（偏っている?）。その中でも実況アナはスポーツという共通項があるだけに、特に現場においては、会社や所属、年齢などを超えた仲間意識が漂っています。
　これは全国共通で、例えばファイターズ戦の中継で対戦チームの地元のアナウンサーと北海道で会ったり、逆にこちらが福岡や大阪などに出向いたときも、同じことを感じ

ます。名古屋時代はセ・リーグ球団のある東京、大阪、広島で度々この空気を味わいましたし、高校サッカーの担当で全国のさまざまな場所に行ったときも同じ体験をしました。

新人研修をともにした同期や、アナウンサー試験を一緒に受けた旧友、レジェンドのような大先輩、テレビでよく観る売り出し中の若手アナなど、さまざまな人と会いますが、基本的に、現場での会話のスタンスは同じです。ひとことで言えば「いきなり本題」。普通の社会人のような時候のあいさつや近況報告などは飛ばして、自分の知りたいことからスタート。それに対して聞かれた側は、情報だけでなく自分なりの見立てなども交えながら間髪入れず答える。はた目にはすでに放送が始まっているかのような、よどみない会話のキャッチボールが、前触れもなくいきなり展開されるのです。

（例1：プロ野球の現場にて）「おう」「ああ久しぶり。ところでさ、○○（選手名）は最近よく打ってるけど、練習とか何か変えてる？」「ああ、ちょっとバットを変えてね。軽めのものにしたらバットの抜けがいいって言ってる」

（例2：高校サッカーの現場にて）「初めまして」「どうも初めまして。ところで○○は途中から出場してよく点を取るね。ベンチではどう？」「あまり試合展開を追わず、自分が点を取るイメージを大事にしてるって言ってますね」……

実力を試されているような嫌らしさも若干感じますが、こういう会話をさらりと交わすと、互いの日頃の仕事ぶりや姿勢が透けて見え、「こいつ、できるな」という信頼感が生まれます（もちろんその逆も）。この印象は瞬時の対応が生命線の実況アナにとってとても大事な評価。それを確認しあう儀式のような側面が、この会話にはあると思っています。

もちろん仕事以外の話をすることもありますが、そういうときもトーク番組を展開しているような滑らかな会話が自然に続きます。このあたりは、しゃべりのプロ同士ならでは、あるいは生来のおしゃべり同士のなせる業なのでしょう。

余談ながら、前の会社で私が人事異動でアナウンサー職から離れたとき、最初に湧いた感情が「ああ、現場でこんな会話をすることはもうないのか」というさびしさでした。それぐらい、「アナウンサー」という仕事を自覚できる大切な時間だったと、改めてわかりました。今もなお、現場でこうした会話ができる幸せを、忘れないようにしています。

ただ最近は、互いの健康診断の数値の話から入ることが増えました。歳ですね……。

第2章

おいしい実況の作り方、味わい方
――実況アナは料理人

スポーツ実況の格言とは

前章で、実況アナウンサーのちょっと（だいぶ？）ディープな世界の一端をのぞいていただいたところで、ここからはより本質的な、あえて言うなら〝そもそも的な〟テーマに踏み込んでみたいと思います。

テレビやラジオ（最近はネット配信も）のスポーツ中継で耳にする「実況」って、そもそもどんなふうにしゃべると実況になり、そうするためにはどんなことが必要なんだろう？　ということです。

多くの方はスポーツ実況と聞くと、「ああ、こんな感じでしゃべるよね」というイメージを、頭の中に浮かべることはできるのではないかと思います。

当たり前のことですが、しゃべることは、誰でもできます。そしてスポーツがお好きな方なら、テレビや試合会場でプレーを見ながら、あれこれとしゃべったご経験もあるかと思います。そうしたときのしゃべりと、「ああ、実況だよね」と感じるものの違いはどこにあるのか。何をどうしゃべったら、実況に聞こえるのか。「こういうことができたら実況だ」と感じる合格ラインのようなものは、きっとあるはずです。

私たちはそれを飯のタネにしていますので、実況にはどんな理屈があって、何をどうしていったら「おしゃべり」から「実況」になっていくのか、理解はしています。ただそれは、体験を通じて自分の腹の中に落とし込んでいるものであって、明確に言葉で説明せよといわれると、なかなか悩ましいです。

実況とはいったい何なのか。これを知るには、ある格言がよりどころとなります。それは、「実況アナは、料理人である」。

誰が言ったか定かではありませんが、アナウンサーなら一度は耳にするであろう、きわめてよく知られた言葉です。私も入社間もない頃に教えてもらい、そのときは「ふむふむ」と軽くうなずいた程度だったような気がしますが、年を追うごとに、実況の回数を重ねるごとに、本質をとらえた名言、金言だなあと実感しています。

ならば、この格言に忠実に説明していけば、スポーツ実況をわかりやすく理解していただけるのでは、と考えました。

そこで、実況の極意を料理に例えて進めていこうと思います。イメージは「街の料理屋のご主人が教える、かんたんおかずクッキング」。ご自分で料理をされる方は自身の体験と重ねて、されない方は、お店に食べにいくお客さんの気持ちになって、店の大将が語る〝うんちく〟に耳を傾けるような感覚で読み進めていただければと思います。私自身は包丁を握ったことすらほとんどないので、料理人目線ではなく、料理人に密着取材するイメージで書いていくことにします。好物が目の前にあるときは、思わず「食レポ」をしてしまうかもしれませんが、職業上の性《さが》ということでご容赦ください。

料理はまず素材を知ること

料理番組の冒頭部分でおなじみのシーンといえば、司会の「それでは、材料のご紹介です」というキューワード（業界用語で、ＶＴＲを流したり画面を切り替えたり字幕を出すなど放送上の場面転換の合図となる言葉）とともに映し出される、食材や調味料を紹介する映像。ガラス製の大きなバットに盛られた肉や野菜が映り、「豚バラ肉250グラム、玉ねぎ2分の1個……」といった字幕が出る、あれです。

料理人さんに話を聞くと、ほぼ例外なく、こうおっしゃられます。「料理の主役は素材。料理人は脇役です。料理人の仕事は、素材を生かすことに尽きます」。素材が持っている特徴をよく生かした料理ほどおいしいし、お客さんの心を動かす。逆に言うと、おいしい料理を作るには、扱う食材や調味料について、深く知っていなければなりません。優れた料理人ほど素材の知識が豊富ですし、常に新たな知識を得ようと貪欲だといいます。

実況も全く同じです。「主役は試合で、実況は脇役。実況アナの仕事は、試合の魅力を伝え切ること」です。「実況アナは、料理人である」の格言の本質も、ここにあります。「この食材って、こんなおいしさがあるんだね」「こうやって食べると、こんなおいしさを味わうことができるんだね」とお客さんに思ってもらうことが、料理人が目指すところであるのと同じく、「この試合には、こんな面白さがあるんだね」「こういう観戦の仕方をすると、このスポーツはこんな楽しみ方ができるんだね」と視聴者の方に思ってもらえることを、実況アナはいつも目指しています。

この真理に従えば、料理人への道が食材を知ることから始まるのと同様、実況アナへの道は、何につけてもまず素材、つまり目の前の試合について、より深く知ることが、その第一歩にして永遠のテーマとなります。

とはいえ、素材にもいろいろあります。オリンピックや世界選手権、プロ野球の日本シリーズやサッカーのワールドカップなどは、例えるなら金に糸目をつけず世界中から最高のものを集めた「究極のメニュー」を作るための素材でしょう。一方で、例えば町内対抗野球大会の試合は、申し訳ないけれど、近所のスーパーで揃えた「ありあわせで作る今晩のおかず」用でしょう。ただ、実況アナにとって、そこに「違い」はあっても「優劣」はありません。

与えられた素材を最大限に生かし、おいしく料理を作るという点で、心構えややるべき仕事は同じです。

「目利き」という言葉があります。料理人なら鮮度などの良し悪しを見極める能力という意味で使われますが、スポーツ実況でも素材の目利きはとても大事な要素です。そしてこの目利きは、料理を「召し上がる」、すなわち実況を聞いてくださる皆さんが、中継をより「おいしく」お楽しみいただくことにも役立つと思いますので、まずはこのことについて、実況アナの視点からいくつか紹介していきたいと思います。

素材の目利きへの道

その1　肉か魚か野菜か、特徴を知る

料理人が料理を作る上で一番大きなテーマは「これから作る料理のメイン食材は何

か」だと思います。肉か、魚か、それとも野菜なのかはもちろん、同じ肉でも牛か豚かなど種類によっても、ヒレかロースかはたまたホルモンかなど部位によっても、切り方や焼き方、適した味付けはそれぞれ違うでしょう。料理人は、手に取った素材の特徴を思い浮かべ、それを生かす調理法を選び、お客さんに出す料理の完成型がイメージできたところで、実際に調理にとりかかるものだと思います。

実況も同じです。これからしゃべる競技がどんなものなのか知ることから始まります。食材によって駆使する技法や料理の方向性が違うように、競技の特性によって、どこに焦点を絞り、どのように展開して実況するかは様々です。「実況って、目の前で起きていることをひたすら追いかけていけばいいんですよね」などと言われることがあるのですが、競技のルールや特性がわからないまま、ひたすら現象を追いかけるだけのしゃべりは、料理でいえば食材の特性を知らないまま包丁を動かしたり、火の通り具合を知らずに適当に焼いているようなもの。素材を生かしたものではなく、料理としては、プロの品質とはいえません。

例えば、個人競技か団体競技か。1対1で相対し、さあどっちが勝つんだ、ということを競う競技と、複数のプレーヤーがそれぞれの役割をこなし、全員で勝利を目指す競技では、全く性質が違います。選手の動きを追いかけるときも、前者は対戦する2人の動きを緻密に追いかけるのに対して、後者はグラウンド上の選手全員（サッカーなら22人、ラグビーなら30人）の動きを全体像として視野に入れながら、その上でボールを持った選手を中心に追います。目の使い方が、根本的に違うのです。これは肉と野菜ぐらいの、はっきりした違いです。

両者は、さらに細かく分類できます。個人競技なら、陸上や競泳、スピードスケートなどの「タイムや順位を競う」もの、ボクシングや柔道など格闘技全般の「直接対決して勝敗を決する」もの、テニスやバドミントン、卓球といった「ネットを挟んでボールなどを打ち合う」もの、ゴルフやボウリング、スキージャンプといった、人との競い合いではなく、「スコア」や「記録」で勝敗が決するもの、体操やフィギュアスケートなどの「採点者」が優劣を決めるもの等々。くくりとしてはすべて「個人競技」でも、性質はかなり異なります。同じ肉でも、鶏のササミと、霜降りの牛リブロースぐらい違います。

団体競技もそう。サッカーやラグビー、バスケットボールなどは、競技時間が決まっていて、時間内で互いがボールを奪い合って攻めと守りが生じていく。これに対して野球やアメリカンフットボールは、攻守の切り替えに時間以外のルールがある（3アウトで攻守交替など）。前者は攻防の入れ替わりがいつ起きるかわからないので、とにかく全体の動きを絶え間なく追い続けることが最優先になりますし、後者は両チームの戦略や駆け引きの推察を交えながら展開を解説することも求められます。

要するに、スポーツというのはとても多様で、それぞれを描写したり説明したりするのに必要な目のつけどころや、競技を味わう〝ツボ〟が違います。実況アナにとっては、それらの違いを理解し、それぞれに見合った実況の道筋を思い描けるかが、目利きの第一歩です。

そんな目利きになるにはどうしたらいいか。ルールブックを読破するとか、方法は一つではないとは思いますが、まずは、とにかくたくさんスポーツを観て、スポーツ中継を聞いて、体で理解していく。そこから始めるのがいいかと思います。ただし、スタジアムやテレビで漫然と観戦を楽しんでいても、なかなか身に付きません。やっぱり目的意識が必要です。スポーツを言葉で伝える側に立って「この競技のツボはどこだろう」と考えながら観たり、実況アナのしゃべりに耳をそばだて、ときにはメモをとる。これらを繰り返していって「ああ、こういう感じかぁ」と、自然に理解することが理想だと思います。

実況アナには、一つの競技に長く携わり、その競技の目利きに特化した方がいます。「野球実況のスペシャリスト」とか「サッカー実況のカリスマ」とか称される人です。料理人でいうなら「肉を究めた有名焼肉店店主」とか、「寿司一筋ウン十年、老舗の伝統を受け継ぐ職人」です。

一方で、いろんな競技を手広くしゃべるという実況アナもいます。こちらは料理人でいうと「何でも扱う、街の居酒屋の大将」でしょうか。いままで14競技を実況した私は、こちらに属すると思います。前者のほうが「孤高の達人」のイメージで、なんとなくカッコよく感じられるのですが、私は、後者が性に合っていると思っています。

今まで知らなかった競技の目利きをゼロから学んでいく作業は、とても楽しいもので、一種の快感を覚えます。今まで食べたことのない食材の意外なおいしさに出会い、「この味をお客さんに知ってもらいたい」と、新たなメニューを研究しているときの充実感、とでも申しましょうか。50歳を超えてもこの気持ちは衰えることなく、今も新しい競技との出会いがあると、胸がときめいています。

その2　旬を見極めるキーワードは"This Game"

料理を提供してお客様からお金をいただくプロの料理人としては、素材の特徴の他に、もう一つの目利きが求められます。それは素材の旬を見極める目利きです。どんな食材にも、一番の食べ頃である〝旬〟があります。それは、時季や産地、生育するまでの天候など、様々な条件が重なったベストタイミング。料理人なら誰しも最高の旬の食材を扱いたいでしょうし、旬の食材を一番おいしく味わえる旬な料理を作る技法についても、日々考えるはずです。味、香り、食感を際立たせ、それを引き出す包丁の入れ方、火加減、味付けは何なのか。そうしたものを極めた料理人ほど「いい仕事をする」との評価を得るはずです。

実況も同じです。自分がこれから担当する試合の旬を見極め、それを引き出し、視聴者に伝えるのが仕事で、それをやり切れるのが「いい仕事をする」「銭のとれる」実況アナだと、私は思います。

「ディスゲーム」という業界用語があります。カタカナで書くと伝わりにくいですね。「This Game」、つまり「この試合」です。自分がしゃべるこの試合の価値は何か、他の試合とはどこが違うのか、この試合ならではの見どころをはっきりさせようという意味で使われます。この言葉が、〝旬〟の目利きに当たるかと思います。「お前が今度しゃべる試合のディスゲームって何？」「次の試合のディスゲームですが……」といった感じです。新人の頃、初めて聞いたときは単に「うわぁ〜業界っぽい！」と単純にカッコいいと思っただけでしたが、経験を重ねていくごとに、この言葉の重要性を実感するようになりました。

「ディスゲーム」を定めることは、自分が実況を進める方針、いわば「道しるべ」を定め、視聴者の方に「どういう見方をしたらいいのか」という方向性を整理して示すことになります。試合のアピールポイントが絞られれば、しゃべる側にははっきりとした筋道が生まれ、実況の質は上がります。まさしく、食材の「旬」を見極めることで、「本日のおしながき」が定まっていくような効果があるのです。

これを最も実感した、私の経験があります。2000年4月23日。名古屋市南区のレインボーホール（現・日本ガイシアリーナ）で行われた、プロボクシングWBA世界スーパーフライ級タイトルマッチ、王者・戸高秀樹（名古屋・緑）対挑戦者・ヨックタイ・シスオー（タイ）の一戦。全国ネットで生中継され、ついでにいうと挑戦者の母国、タイにも衛星生中継された（実況はタイ語なので、私の仕事ぶりは関係ありませんが）、私の実況経験史上、最もスケールの大きな放送でした。ひときわ気合いも入りますが、同時に重圧も大きい。得てしてこういうときは、気合いばかりが空回りし、冷静な実況ができないものです。頭を整理し、冷静さを伴ったほどよい緊張感で実況に臨むためには、ディスゲームが欠かせないと、いつも以上に感じていました。

ディスゲームはもちろん、実況アナの思い込みや独りよがり、あるいは作り話であってはなりません。日頃の取材の積み重ねの中から根拠を見つけ、導き出します。このときの答えは、練習後の戸高選手と交わしたある日の会話にありました。「ボクシングって最初の防衛戦が一番難しいというけど、2度目になる次の防衛戦は、心境の変化はあるのか」との私の問いに、戸高選手は「いつもと一緒です。僕はいつも挑戦者の気持ちでやってきたんで。防衛戦だけど、『守る』んじゃなく、『防衛に挑戦』します」と即答したのです。

防衛に挑戦する――。これが〝ディスゲーム〟だと思いました。戸高選手について、詳しくは次の章でご紹介しますが、取材で接してきて、この言葉は、戸高選手のボクサーとしての在り方、さらには生き様を象徴する言葉だと直感し、これをキーワードに実況を組み立てれば、どんな展開になっても、試合の「芯」を外すことはないと確信しました。すると、緊張でフリーズしていた自分の思考回路が一気に起動したような感覚になり、迷いなく当日まで準備が進んでいきました。その記憶は、今も鮮明に残っています。

試合は壮絶なパンチの応酬の末、戸高選手が序盤の劣勢を逆転してのテクニカルノックアウト勝ち。実はこの試合展開は、解説者の助言から事前に思い描いていた通りのものので、まるで台本があったかのように、こちらの見立てと実際の内容がドンピシャリとはまりました。これほど思い通りに進んだ試合を、思い通りに実況できた中継は後にも先にもなく、私の実況人生のこれまでの「ベストマッチ」（ボクシングは「ゲーム」ではなく「マッチ」）です。そしてその要因は、正しい「ディスゲーム」を発見できたことに尽きると断言できます。

この体験は、実況者としても至福でしたが、ボクシングファン、視聴者の側に立ってみても、「こんな試合の見方ができたら、どんなに興奮し、楽しく観ることができただろう」と思えたものでした。その試合に備わっている、その試合にしかない楽しみ方や、面白がり方を余すところなく感じてもらうことが、スポーツ中継の〝旬〟を味わい尽くすこと。それをお手伝いするのが私たちの仕事なのだと、心に刻んだ体験になりました。

実況アナたちは皆、自分がしゃべる試合の〝旬〟を探し、伝えようと日々奮闘しています。ただ、中継の核心に当たるものであるがゆえに、その表現の仕方はさまざま。個人差も出るし、技量の差も出ます。「ああ、この試合の〝旬〟はここなのね。この人は、旬を上手に味あわせてくれてるねぇ。いい仕事するねぇ」。こんなふうに「お客さん」に言ってもらえれば、試合の料理人である実況アナにとっては、最高の評価。もっとも、この領域に到達するのは、「名人」の域の人だけです。そこを目指して道を究めるのが、この仕事の使命であり、醍醐味だと思います。

cooking 04

素材をさばく道具について

実況アナが使う包丁って？

「目利き」を鍛え、素材を仕入れたところで、いよいよ調理に入ります。でもその前に、大事なものをそろえなければいけません。

包丁や鍋、釜、フライパンなどの調理道具です。

どんなに新鮮で上質な旬の素材でも、それを切る包丁がなまくらで、鍋やフライパンの熱の通りが悪ければ、うまみを十分に引き出せないどころか、かえっておいしさが損なわれ、せっかくの素材が台無しです。「弘法は筆を選ばず」などといいますが、実際は、プロの料理人は調理道具に強いこだわりを持ち、相応の道具を持っています。道具がいいからうまい料理を作れるのか、うまい料理を作れる料理人だからいい道具を使いこなせるのかはわかりませんが、両者は不可分の関係にあることは間違いないと思います。

ではスポーツ実況で「道具」にあたるものは何でしょう。料理を作るときは、手で鍋やフライパンを操るのに対し、実況するのに使うのは口。このとき口で操っている道具といえば――それは、言葉です。

大きく分けると「発音・発声」と「語彙《ごい》（ボキャブラリー）」の二つです。どんな声を出すかと、何を言うか。これらを使って、私たちは試合という「素材」をさばいていくのです。見習いの若者が、日夜包丁を研ぎ、箸さばきの鍛錬を重ね、一人前の料理人への階段を上っていくように、実況アナ見習いの若者は、日々、発音・発声を鍛える「声の修業」と、語彙を増やし、使いこなす「頭の修業」を重ね、やがて一人前の実況アナとして放送席に座るのです。やや美化しすぎている感もありますが、私自身の実感としては、そんなイメージを持っています。

道具その1　発音と発声

では、それぞれの道具使いについて、ご説明します。

まずは発音、発声。求められるのは正しい発声とキレのある発音です。

正しい発声とは、のどに負担がかからず、強い（単に大声という意味ではなく、吐き出す息がすべて声となって出る）声の出し方ができること。これができないと、まず、長時間、安定した声でしゃべることができません。無理をし続ければ途中で声が枯れ、下手をすれば、のどをつぶしてしまう。こうなったら実況どころではなくなります。かといって、いちいち発声の仕方を意識してしゃべるなんてできません。正しい発声が無意識に、いつでもできるよう、頭ではなく体で覚え込む必要があります。

キレのある発音とは、一つひとつの音が粒だっていて、明瞭に聞こえる発音のこと。ひとことでいえば滑舌です。発音にキレがないと、選手のプレーのスピードに言葉がついていきません。プレースピードは、ゴルフのようにゆったりとしたものから、ボクシングや空手のような目にもとまらぬ速さのものまで、競技によって非常に幅がありますが、いずれにせよプレーを追いかけながら何を言っているか聞き取れるレベルの滑舌が最低限維持されないと、これまた実況どころではありません。言っていることが正しくても、内容が聞き取れなければ、それはただの「雑音」になってしまいます。

発音、発声は、声を使う仕事全般にとっての基礎です。そして基礎ゆえに、習得は地道で、時間がかかることは覚悟しなければなりません。うらやましいことに、中にはろくに訓練しなくてもできてしまう天才もいますが、大多数は、もどかしさやいらだち、情けなさに心が折れそうになりながらも、少しずつ音が自分のものになっていく体験を重ね、身に付けていきます。

子どもの頃に見たドラマで、日本料理の板前見習いの主人公が、閉店後に厨房でひたすら大根のかつらむきをして包丁修業をしているシーンを、今も鮮明に覚えています。料理でいうとそんな鍛錬です。新人アナ時代、出社したらすぐにスタジオにこもり、額に汗して口を開き、横隔膜を動かして発声練習をしていたことを思い出します。

道具その2　語彙

続いてもう一つの道具、語彙についてです。

スポーツ実況はいってみれば「同時変換」の連続です。プレーという選手の体の動きを、言葉に同時変換する。ということは、その動きが出た瞬間にとっさに言葉が出ないと成り立ちません。多様な動きを即時に同時変換するためには、使う可能性のある言葉を頭の中にストックし、いつでも取り出せる状態にしておく必要があります。この「いつでも取り出せる」というのがミソです。いくら知識として言葉を知っていても、実際に口に出せなければ、実況としては失格。わずかでも躊躇《ちゅうちょ》したら、たちまちプレーに置いていかれてしまいます。ある試合をしゃべるために必要な用語、技の名前、言い回しなどが頭の中できれいに並べられていて、選手が動くたびに「はいこれ!」「はい次これ!」と取り出して、次々と繰り出していく。実況とはそんな高速脳内作業という一面があります。

料理人でいうなら、ランチタイムの厨房でしょうか。わずかな時間のロスが命とりです。たくさんの調理道具がどこにあるか、すべて頭の中に入っていて、料理の進行に合わせて速やかに包丁やらザルやらまな板やらを取り出し、無駄な時間を使うことなく、大量の注文を一気にさばきつつも、素材の良さを損なわず、次々と料理に仕上げる厨房さばき。これまたプロとして欠かすことのできない、道具を扱う技量です。

これも、実際に頭と口を使って、身に着けるしかありません。実際に試合を見て、言葉に同時変換する訓練を重ねるのが、最短にして最良の道です。数えきれない「変換ミス」を犯して冷や汗と恥をかくところから始め、反復することで脳内が整理され、徐々にミスが減り、滑らかにしゃべれるようになる。先人たちも皆、通ってきた道です。実況アナのタマゴたちはきょうも野球場で、サッカー場で、口をモゴモゴさせ、一人前の「スポーツの料理人」になるべく、包丁や鍋を自在に操る術を体得していくのです。

発音と発声、そして語彙の出し入れ。これらを組み合わせた描写力が、実況アナが放送席に座ったときの唯一無二の〝武器〟です。どれほど大量の資料をそろえても、最後に頼れるのは、己の体に染み込んだものだけ。「包丁一本　さらしに巻いて　旅へ出るのも　板場の修業」という歌の一節がありますが（知ってる人はどれぐらいいますかね。藤島桓夫《たけお》さんが歌った『月の法善寺横町』、1960年のヒット曲です）、最後は「自分の腕と包丁一本でなんとかする」のが、実況の本質だと思います。

　料理道具と実況道具が共通しているのは、どちらも「磨かなきゃ、錆びる」こと。声も、語彙の出し入れも、使わずにサボっていると、あっという間に鈍ります。いつ使うかわからないときでも、頭や口を錆びさせず、きちんと磨いていつでも使えるようにしておくことも、料理人の大事な心得です。

試合を調理し、料理に仕立てる

素材の目利きを学び、〝旬〟を見極める目も養いました。包丁も研いで、鍛錬も重ねました。準備は完了です。

さあ、お待たせしました。料理、いや実況を〝作って〟いくことにいたしましょう。目の前にある試合という素材を〝調理〟し、実況という〝料理〟に仕立てていくことにします。

料理にはさまざまな技法があります。素材の切り方だけでも、ぶつ切り、角切り、ななめ切り。輪切りに千切り、短冊切り。薄切り、乱切り、みじん切りに三枚おろし（声に出して口上のように読むと心地よくなるリズムに並べてみました。やってみてください）など、素材の特徴と料理の用途によって数多くのものがあります。調理の仕方も、煮る、焼く、蒸す、ゆでる、揚げる、いぶす、和えるなどいろいろあり、専用の器具などを使うなどしていくことで、もっともっと広がっていきます。

さて、実況です。実況も試合という素材を〝調理〟していく技法が、いくつかあります。そしてこれも料理と同様、実況を構成する上で必要不可欠な基本の技法と、個々の実況アナの感性と技術によって無限に広がる応用の技法とに分類できると思います。

この技法の駆使の仕方によって、実況にはいくつかの段階があるのではないかと、私は考えています。それぞれの段階について、料理と照らし合わせながらご紹介していこうと思います。

初級編　その1
目の動き（目の技）

まずは初級編。最低限どんなことを意識してしゃべれば、「ああ、この人、スポーツ実況しているね」とおおむね思ってもらえるのか。

第一に「目の動き」です。

先に実況は同時変換だと書きました。選手の体の動きやボールの動きを言葉に変換する作業は、「目から入って、口から出す」作業です。「どうしゃべるか」のためには「どう見るか」が非常に重要です。

日本のスポーツ実況の黎明期、およそ90年前、あるアナウンサーが後輩を指導する際に残した、こんな言葉があります。

「右の目でランナーを追い、左の目で球を追え」

広角レンズのように、全体を視野に入れつつ、視野の両端で起きていることも同時に確認し、言葉にできるようにしなさい、という意味です。これがスポーツ実況をする上では必須ともいえる目の使い方です。

これができるかできないかで、しゃべり手が目から取り入れる情報の量は、格段に変わります。人間の視界は本来はとても広くて、たくさんのものが目には映っているのですが、多くの場合、その中の一部分しか、情報として頭の中に取り入れていません。見えてはいても、認識はされていない。認識されていない情報は、当然ながら言葉に変換できません。逆に、何が目に映っているか意識できれば、言葉にできる可能性がありま す。まずはそういう状態に持っていかないと、どんなにたくさんの語彙が頭の中に入っていても、しゃべれません。

特にスポーツは、いろいろなことが、いろいろなところで同時に起きます。さらに、それらのスピードや方向もバラバラ。野球でいえば打球の行方、走者の走り、守っている9人の選手の動き、サッカーならピッチ上の22人の選手の動きは、みんな違います。それらをなるべく同時に視野に入れるような目の動きができないと、実況に必要な目からの情報量が足りなくなります。ボールだけしか追いかけられないと、ボール周辺のことしか言えず、そういう実況はあっという間に手詰まりになって、1試合どころか、1イニング、あるいは3分ももちません。

あくまで私の体験談ですが、おそらくこの目の動きは、脳の中の視覚情報を把握、解析する上での別の回路が構築されることによるのだろうと思っています。新人の頃、サッカー実況の勉強を始めたとき、「ボールが誰から誰に渡るかと、ボールを持っていない選手全員の動きを同時に追いかけろ」と先輩に言われました。はじめは「何を無茶なことを言ってるんだ、この人は」と思いましたが、悪戦苦闘しながらも諦めずに試み続けていると、あるとき突然、「見えた！」という瞬間が来ました。本当に何の前触れもなく、突然に。頭の中の何かわからないスイッチが「カチャン！」と入って、22人全員を「追えている」と自覚できるようになったのです。

おそらくこれは特殊な能力ではなく、訓練しだいで誰でもできることなのではないかと思います。ただ、できるようになるまでには、一定の辛抱は必要です。

ちなみに最近のスポーツ中継、特にテレビ中継では、実況アナには、もう一段上の目の動きが求められるようになっていいます。昨今は中継技術が格段に発達し、さまざまな場所にカメラが設置され、自分の視野に入らないものも映像では見えるようになっています。また、画面に映し出されるデータなどの文字情報も、内容が濃く、見逃せないものが多い。グラウンドやコート上の全体の光景と、手元にあるモニターの情報を同時に視野に入れ、しゃべりの判断

材料にすることが重要な技術になっています。

こうした目の動きができるようになると、スポーツを見るという行為自体の面白さが格段に広がります。それまで見えていなかった幅広い動きが見えたとき、解けなかった謎が解けた爽快感があります。そして「次はこんなふうに動くはずだ」と予想したり、逆にそれを裏切る予想外の動きに驚いたりする体験もできます。スポーツをもっと楽しく観たいとお考えの方に、ぜひ、おすすめします。「じゃあ、どうやったらできるようになるの？」と聞かれると、答えに窮してしまいますが。

初級編　その2
しゃべり方（口の技）

「目の技」に続いて、いよいよ「口の技」、しゃべり方についてのテクニックです。まず、基本の技の構成要素を四つに分けて説明します。

基本技① 時制

「現在・過去・未来」とか「今・これまで・これから」といった、時間についての表現です。時制という言葉は、英語の授業で習った記憶があるかと思いますが、ここでは「試合のどの時点のことをしゃべるか」という意味でとらえていただきたいと思います。

現在は〝描写〟。今まさに起きている動きを追いかけて、できるだけ忠実にしゃべること。野球でいうと「ピッチャー、振りかぶって第一球を投げました。打ちました！サードへの弱い当たりのゴロ！　ほぼ正面です、つかんで一塁へ送球、アウト！」といった、一番スポーツ実況らしさを感じる部分です。

過去は〝経過〟とか〝振り返り〟。実況の基本は「今」をしゃべることですが、時間が経過すると過去ができます。そして過去の情報の量は、試合が進むにつれて、どんどん増えていきます。今ばかり追いかけ続けると、「えーと、どういう経過をたどって、今こうなっているんだっけ」という疑問が生まれます。これを解決するために、要所で入れるのが〝経過〟です。「先制したのはファイターズ。三回までに5点を取りましたが五回から小刻みに失点し現在6対5とリードはわずかに1点で、終盤八回の裏です」。こうした解説が随時入ることで、しゃべる側も聞く側も、より頭の中を整理して、「今」に集中できます。「今」に入り込むために、過去を押さえるのは必須です。

そして未来。これから起きるであろうこと、〝予測〟〝予想〟〝展望〟にあたります。スポーツは筋書きのないドラマなので、この後どうなっていくのかという「予告編」は盛り上げには欠かせません。

「この回のファイターズの攻撃は1番・西川から。きょう3安打を放っているリードオフマンからの攻撃です。追加点なるでしょうか……」

未来への予測を交えることで、聞いてい

る人の想像力はよりかきたてられ、「今」に対する興味がより高まることになります。

スポーツ実況は大づかみにいうと、この「現在・過去・未来」の組み合わせです。これらを、競技の特性や試合展開、局面によって、配分やバランスを変えてローテーションしていけば、おおむね「実況」になっていきます。時間軸を試合中に限らず、もっともっと過去、例えば選手の生い立ちやチームの歴史にまでにさかのぼったり、もっともっと未来、例えば1年後とか3年後の展望まで見すえてしゃべると、さらにスケールの大きな実況になります。

この「現在・過去・未来」という時制を組み合わせてローテーションする手法は、実況の根幹をなす、基本の手法と考えていいと思います。

基本技② アップとロング

時制が時間の流れなのに対して、これは対象との距離、あるいは焦点の当てどころを指します。アップは「寄り」で、ロングは「引き」。写真や映画の撮影で使う用語ですが、実況では、しゃべりどころを絞る意味でこの言葉を用います。球場全体の情景ならロング、ピッチャーの表情はアップ、バッターの構えはアップで、バッターがバットを指1本分短く持ったらさらにアップ、3人の外野手が守備位置を少し変えたところはロングで、一塁走者のリードが少しだけ大きくなったらアップ、ベンチの栗山監督が腕を組み直したら……、心の内を深読みするとアップのような、ロングのような、といった調子で、異なる距離間の情景を組み合わせてしゃべっていきます。これまた実況の常道です。

ロングばかり、あるいはアップばかりでサイズにメリハリがなければ単調だし、必要ないのにやみくもにアップにしたり、アップのタイミングでロングにいってしまうと興ざめです。欲しいときに、欲しいサイズのことをしゃべるのが要点。特にテレビ中継は、まず映像が第一で、実況がそれについていくのが原則なので、映像のアップ・ロングにしゃべりが同調（シンクロ）しないと、聞く側にとっては拍子抜けです。自分のタイミングで寄ったり引いたりできないのは不自由に思うこともありますが、逆にいうと、何食わぬ顔をして映像に合わせてしゃべるのがウデの見せどころともいえます。

もっとも、強者クラスになると「おっ、三塁側のベンチでは代打の切り札、矢野が手袋をつけ直しましたね。これはネクストバッターズサークルに向かいそうです」などと、さりげなく映像を自分がしゃべりたいほうに誘導させる方もいます。ただしこれ、やり過ぎは逆効果。中継を混乱させてしまいます。何事も、加減が大事です。

基本技③　スピードに乗る、止まる

これはイメージしやすいと思います。競技が生み出す速度感に乗り遅れず、かといって先走りもせず、サーフィンのように〝乗って〟しゃべること。そして時には止まる、つまりしゃべらないことも、実況の技の一部です。

競技にはそれぞれ進行の速度があります。例えば陸上の100メートルならスタート前はゆったり、「よーい（国際大会では「セット」ですね）」でいったん完全に静止して、号砲とともに、爆発的なスピードの10秒間が流れます。それらのスピードの変化に、実況も合わせる必要があります。車の運転でいうと、ギアの上げ下げ。状況に合わせて一気にトップギアに入れたり、急に徐行したり。ただし、単純にしゃべりの速さを合わせるのではありません。速さの〝質〟も合わせます。

例えば、ゆったりした状況にも、緊張感が高まっているもの、開放感があるもの、悲しみに暮れているものなどさまざまですし、同じ速さのプレーでも、試合の序盤か終盤か、そのプレーが行われる背景などでも、意味が変わってきます。それらを合わせたものが速さの〝質〟です。ここにも、しゃべりを合わせるのです。声の高低、強弱、口調の硬い柔らかいなどを、局面が持つ意味に合わせて変化させる。これが〝乗る〟ということです。例えば「ちょっと声を落として、ひそひそ話のようにしゃべる」などは、一見実況らしくなく思えますが、状況によってはピタリとはまる、高度なテクニックだったりします。ゴルフ実況の上手な人は、このテクニックが抜群にうまいです。

そしてこうした〝乗る〟ことに忠実であろうとすると、「ここは、言葉を発しないほうがいいな」という局面にも出くわします。常に言葉を探すのが、実況アナの仕事にして性なのですが、どう考えても黙るのが適切だと感じるときがあります。そのときは〝止まる〟。無理に言葉を探さない、ということも、大事な技の一つです。ただ、この技を使うのには怖さが付きまといます（第1章でも書きましたね）。わかっちゃいるけど、怖さに負けてしまう人が多い。その一人が、他ならぬ私です。

基本技④　広げる、たたむ

これは要するに説明、分析、解説に関することです。

実況はあくまで、試合の進行に忠実に、「川の流れに逆らわずに艪《ろ》を漕ぐがごとく」進めていくものですが、「広げる」は、その流れには少々逆らうことになったとしても、あえて寄り道をする行為です。野球でいうと、次の打者が打席に入って投手との対決が行われている状況になっても、前の打者の対戦内容の詳細な説明といった、今起きていることから離れた話を膨らませるとか、解説者やベンチリポーターとのやり取りに少々深入りする、特別に興味深いエピソードを紹介する、あるいは複雑なプレーが起きた後にルール説明をかみ砕いて解説する、といったことになります。一方、「たたむ」は、広げた話を切り上げて、実況の本線に戻すこと。

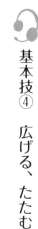

実況は今を追うのが原則ですが、あまりに忠実すぎても平板で単調、あるいは不親切な印象を与えてしまいます。時にはそこからはみ出してでも、会話や説明、語りといった要素が入ることで、深みや親しみやすさが出ます。

実況をしていると、たいてい「ここは、広げないわけにはいかないぞ」という局面があります。そんなときに、タイミングよく広げ、わかりやすく説明し、タイミングよくたたむこと。これはちょっとだけ応用の部類に入りますが、必須の技法です。

広げすぎて視聴者をイライラさせたり、たたみ損ねて大事なプレーを実況しそびれたりせず、正しく広げて正しくたたむ。これには、先述の素材の目利きがものをいいます。目利きができる人は、広げどころやたたみどころの鼻がききます。つまり、競技の特性を理解していれば、展開を正確に予想しながら広げたりたたんだりできるのです。

以上の四つの技法を使い分け、組み合わせてしゃべっていけば、試合開始から終了まで、大きな破綻なくしゃべりきれると思います。

料理でいうと、並べられた素材をあれこれと調理し「きょうの献立、完成!」となって、家族そろっての楽しい夕餉《ゆうげ》を、無事に迎えられます。あとは缶ビールを開けて「いただきまーす」です。

……ではあるのですが、あくまでこれは、一応できました、という段階です。言ってみれば、料理を作ってテーブルに置いただけです。家庭料理ならそれでも十分ですが、私たちはプロです。料理を、お客さんに食べてもらえる商品のレベルにまで完成させて初めて、料理人と呼べるのです。

とはいえ、実況アナへの道のりにおいては、この「ひととおり料理が作れるようになる」までが一番しんどい時間でした。毎日厨房でまかない食を作って、評価やダメだしを受けながら、「早く先輩たちに追いつき、あの場所で仕事をするんだ」とつぶやきながら夜空を見上げる、若き料理人見習いの時代だったような気がします（昭和の古いテレビドラマのような例えですいません）。でも、振り返ると一番大事な時間でもありました。

もし野球場で、サッカー場で、競馬場で、プレーを見ながら必死に口をモゴモゴ動かしている若者を見かけたら、どうか彼の行く末に期待してください。いつの日か彼が、日本中の人々の心を揺さぶるスポーツの名場面を熱く伝えてくれる存在になるかもしれません。

上級編　料理をプロの味に変える技

ここからは、料理の腕を一段上げて〝プロの味〟にしていく方法についてご紹介していきます。

「やっぱり、家で作るのとは違うね」とか「この店は、いつ来てもはずさないね」という料理人がいるように、「あの人の実況ははずさないね」とか「安心して聞けるよね」といわれる実況には、どんな技が使われているのか。

実況とは、実践です。「わかる」と「できる」の間には、とてつもなく厚くて高い壁があり、その壁を突き破るべく、誰もが日々奮闘しています。もちろん私もその一人です。「これができれば、達人の域に入れる」のは、理屈としてはわかっているのですが、そういう実況が実際にやれるか、という点では、残念ながらまだまだ道半ばです。

これから紹介するのは、そのレベルに到達された先達の方々、そして今現在、そのレベルの実況を実践し活躍している同業者の方々です。彼らへの憧憬と敬意、そして、その技量の素晴らしさを多くの方に知っていただきたい、という願いを込めて紹介します。

上級編その1　基本の熟練

当たり前すぎて面白くもなんともありませんが、基本の熟練は本質にして究極。これに勝るものはありません。一言一言、一つひとつのしゃべりを繰り返し丹念に磨いていくことで、少しずつ、実況全体を洗練させていくのです。

たった一度、食材に包丁を入れるだけでも、厨房に立って1年の若者と30年のベテランでは違うでしょう。例えば刺身なら、わずかな力の加減、刃の角度の違いが舌触りに差を生み、味の評価は決定的に変わります。味付けとなれば、さらに顕著でしょう。シンプルな料理でもわずかな味の加減で「絶品」になる。突き詰めると、醤油一滴、塩一振り。このわずかな違いを生み出せるかどうかがプロの料理人の仕事です。「神は細部に宿る」とは、建築やデザイン、芸術の世界でよくいわれる格言ですが、料理でも、そして実況でも同じです。

一つのプレーを、その場面に最もふさわしい言い回し、トーン、口調、そしてタイミングでしゃべることで、局面の意味や価値の伝わり方に違いが生まれます。一つひとつは小さな違いです。でも全体を通して聞くと、試合全体の印象、聞き終えたときの充足感、感動の度合いにまで違いが及びます。

バスケットボールは1試合の中でたくさんのシュートシーンのある競技です。それぞれのシュートシーンに、技術的な難易度や試合の中での意味合いを込めた言い方やトーンで「シュート!」と言い分けた実況と、どれも同じように言い続けた実況では、最後まで聞き終えた後の印象は変わります。特に「ああ、いい試合だったなあ」とか「あその1本が、勝敗を分けたなあ」といった「試合に入り込めた」感覚に大きな差が出ます。これが達人の技です。

一流の実績を持つラジオ実況のアナウンサーの方から、「『ピッチャー第一球を、投げました!』の『た!』の直後に、ボールがキャッチャーミットに納まる『バシンッ!』、あるいはバットに当たる『カン!』という音が聞こえてくるように、『た!』を言い切るのが、臨場感を伝える実況の極意なんだ」と聞いたことがあります。一球一球、このタイミングを追究していけば、1試合を通したときの印象には、相当な差が出ます。テレビ実況しか経験がないという理由でなく、純粋に、私には真似のできない技量です。

大事なのは、やはり経験です。試合をしゃべる経験、現場での取材経験、そして語彙を増やしていく人生経験。これらを積むことで、少しずつ「言いたい」から「言える」、そして「操る」へと進化していきます。地道な努力の積み重ねですが、近道はありません。毎日包丁を振るい続け、わずかな加減に神経を研ぎ澄まし続けることで出せる、舌触りや味わいなのです。

ただ、個人的には、経験の浅い若い人の実況にも、また違った魅力があると思っています。ストレートで、単調で、隠し味のような深みはないけれど、それを補って余りある勢いや熱量があふれている。そんな実況もありです。もちろん聞く側の好みによりますが、私は結構、好きです。繊細な味付けの一品もいいけど、パンチの効いたB級グルメも捨てがたいのです。

上級編その2　突き詰めた〝仕込み〟

これは主に、事前の準備に関わることです。料理で例えるなら、お客様に特別な満足感を与えようと、素材の選別、献立の立案、調理の際の味付け、盛り付けに至るまで、事前にスタッフと打ち合わせを重ねて準備をする。「料理人の仕事は、一期一会です」などということを聞いたことがありますが、まさしく家庭料理の世界にはない、プロの料理人の仕事の領域でしょう。

実況でいうと「野球をしゃべる」から、「○月○日、札幌ドームでのファイターズ対ホークスの試合をしゃべる」とでも言いましょうか。野球の実況の中でも、「日本」の「プロ」の野球で「北海道の視聴者に向けた」、「地元球団であるファイターズの」、「○月○日という日に行われる」試合。それを表現するために必要と思われるデータや情報などを、事前に〝仕込む〟のですが、この掘り下げの度合いが、実況アナの実力の指標となることがあります。

試合に出場する可能性のある全選手のプロフィール、年度ごとの大まかな成績の変遷、相手との過去の対戦成績や相性、傾向といったところは必須です。特別な仕込みには当たりません。勝負はそこから先。一人ひとりの選手の体調や調子、対戦する投手や打者の攻略方法、どんな練習をしているか、家族や幼馴染みが観戦に来るといった「この試合にかける特別な理由」などの、「この試合」「この対決」「この一球」の場面で使える、よりきめ細かい情報に狙いを定めて用意するのが、本当の〝仕込み〟です。試合に対する正しい見立てが求められ、かつ、チームや選手に深く入りこんだ取材をしないと入手できない深い情報なので、はまれば、聞く人の関心を引きつけやすい。さらには「この試合をここまで深く考えているのか」「こんな話を選手から引き出したのか」という、実況アナのわかりやすい成果につながります。功名心をくすぐるのです。だから放っておくと、実況アナはどんどん頑張って深掘りします。本能といってもいいですし、プロとして失ってはいけない姿勢ではあります。

ただ、手を加えすぎた腕自慢に陥った料理はかえって客の心を引きつけないように、仕込みが行き過ぎた実況は、肝心の試合の妙が伝わりにくく、さらには実況アナの自己満足になり、視聴者に不快感を与えてしまうといった、逆効果のリスクも多分にはらんでいます。腕を磨いていこうという向上心は大事ですが、万事「過ぎたるは及ばざるがごとし」です。こうした自己抑制が求められるという意味でも、「上級編」の技術といえます。

選手の特徴を紹介するあおり文句やキャッチコピーも、これに該当します。大谷翔平選手の「二刀流」、スキージャンプ・葛西紀明選手の「レジェンド」、体操の白井健三選手の「ひねり王子」や、古くはサッカー・三浦知良選手の「キング・カズ」に松井秀喜さんの「ゴジラ」、もっと古くは長嶋茂雄さんの「ミスタージャイアンツ」や古橋広之進さんの「フジヤマのトビウオ」等々。またプレーの特徴であれば、今年の日本シリーズで名を上げたソフトバンク・甲斐拓也選手の「甲斐キャノン」や千賀滉大投手の「おばけフォーク」。ちょっと古いものであればイチロー選手の強肩を評した「レーザービーム」など、挙げればいくらでも出てきます。

ただこれらは、実は技のうちには入りません。自分が使う前に、既に他の誰かが命名し、世に知られているものを使っても、それはその人の技ではない。流行に「乗っかっている」だけです。あくまで、自身の取材力と言語センスから創作され、真っ先に自らの口から発せられたものが、究極の仕込みだからです。

わかりやすい例は、箱根駅伝の5区を快走する走者を指す「山の神」でしょう。小田原から箱根芦ノ湖まで、860メートルの高低差を駆け上がる5区は、今やお正月の風物詩になった箱根駅伝の中でも名物区間です。2007年、3年連続で区間記録を更新した今井正人選手（順天堂大）のゴールを、日本テレビの河村亮アナが「今、山の神、ここに降臨！　その名は今井正人！」と実況。今井選手のあまりの強さも相まって、「山の神」は一気に広まりました。さらにその後「2代目」、「3代目」を襲名する選手が登場し、このフレーズはすっかり定着。本来の「山に宿る神様」の意味より、今は認知されているでしょう。

実はこの「山の神」、同じ区間を走る他大学のライバルが、大会前に今井選手をこう呼んでいて、河村アナは取材でそれを知った上で使いました。厳密に言えば創作ではないのですが、むしろ事実に基づいた「地に足のついた」フレーズであったことで、世間の共感を得ることになったのだと私は思います。実況アナの真髄が示された「技」の例といえます。こうしたオリジナルのキャッチコピーは、発した時点でその人が「創造主」。他の人が使うと「二番煎じ」になってしまうので、実況アナは自身の存在価値をかけて生み出そうと試みます。言葉を扱う者としての醍醐味を感じる部分でもあります。

ただ、これもやりすぎると逆効果。無理やりひねり出したようなキャッチコピーは、ふざけているように受け取られ、かえってアスリートの価値を貶《おとし》めてしまいます。以前、ある競技の世界大会で、行き過ぎたキャッチコピーが続出したことから、競技団体が放送局に撤廃を申し入れたということがありました。やっているほうは、わかりやすさや親切心からであったとしても、視聴者、それ以上に競技者側に不快な思いをさせるのは明らかな失敗。料理人がウデ自慢に走り、素材の味を壊した料理を提供してしまったようなものです。この事例は実況アナというより放送局の方針の問題でしたが、言葉を扱う実況アナにとって、心に留めなければならない教訓だと思います。

上級編その3　無駄をそぎ落とす〝引き算〟

これは〝仕込み〟と対をなすものといえます。

腕のいい料理人ほど、余計な動きはしないといいます。一太刀で必要な部位を切り出し、調味も一発で決める。達人の寿司職人は、わずか二手で、口に含むとシャリがハラリとほどける完璧な握り寿司を握ると聞いたことがあります（食べたことはありませんが）。技術は、突き詰めれば突き詰めるほどシンプルになり、ムダを極限までそぎ落とした料理ほど、素材の味の深みを伝える極上の逸品になります。「さっと切って、さっと炒めて、醤油をひとふり」なのに、とてつもなくうまい。ある意味、料理人の理想ではないかと思います。

実況も、達人の領域までいくと、そんなしゃべりに聞こえます。声のトーンは強からず、弱からず。テンポは速すぎず、遅すぎず。特別、特徴のあるフレーズは言わないが、言葉の使い方やタイミングに寸分の狂いもない。後で聴き直してみると、しゃべらない時間、「間《ま》」も結構あるのですが、全く不自然ではなく、むしろ心地いい。しゃべるという作業なのに、しゃべらないことも技術として使いこなしています。私のような「沈黙が我慢できない人」にとっては遠い世界。これから何年かかるかわかりませんが、追い求めたい境地です。

達人の料理人が、膨大な経験を重ねていく中でムダをそぎ落としていくように、おそらく、こんな実況をする達人も、最初からそんなしゃべりができたわけではないと思います。「口を休めない」「目に見えたものはとにかくしゃべる」「できるだけ細かいところまで描写する」から始まり、「質より量」を追い求め、それを途方もない時間積み上げて「しゃべるだけならいつでも、どこまででもできる」という領域に到達した上で、そこから、必要なものといらないものを選別し、無駄な言葉をそぎ落としていったはずです。それは、道半ばの私でもわかります。ある時期まで「足し算」を突き詰めていったからこそ、「引き算」の実況の大切さや面白さに気づけるし、手がけていけるのだと思います。

また、こうした行雲流水のごとき実況をする人は先に書いた仕込みのような、下手をすると余計な話になりがちなネタを持っていないかというと、得てして、そうではありません。「うわあ、そんな話、誰から聞いたの?」「そんなデータよく調べましたね」と同業者が感嘆するようなものを、実は仕込んでいる。でも、言わない。厳密にいうと「言う必要のないときは、言わない」。その代わり、「ここだ」というときには、これまた無駄を省いたシンプルな言い回しで、さらりと紹介する。だから、ひときわ心に響くのです。書いているだけで震えがくる、「渋い!」となる技術です。ああ、こんな領域に達してみたい。心から憧れる世界です。

上級編その4　あえて定番を崩す〝冒険〟

これは料理でいうなら「独自の調味料の使い方」。その料理の定番の味付けに、あえて自分流の変化を加え、お客さんの舌に新鮮な驚きを与える。洋食にほんの少し和の調味料を加えるとか、甘みが特徴の料理の隠し味に、一滴だけ辛味を足す、といった感じです。何をどれぐらい加えるか、何と何を混ぜるか。料理人の探求心と発想の豊かさが試されるところで、それゆえにプロの味、あるいはその料理人しか出せない味としての評価を得ることにつながるテクニックです。

野球実況の「華」、ホームランのシーンを例にとりましょう。

「打ったぁ！　いい当たり！　打球はレフトに高々と上がる！　ぐんぐん伸びる！　ぐんぐん伸びる！　レフトはもう追うのをあきらめた。スタンド中段に入った！　入った！　ホームランです」。まあ、定番の味付けです。誰が食べてもはずれはない。

この過去系を、すべて現在系にしてみましょう。

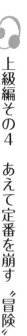

「打つ！　飛ぶ！　伸びる！　見上げる！　中段に入る！」

あくまで紙の上の空想実況です。実際にあったわけではありませんが、情景に締まりが出た感じがします。けっこういい感じに味の変化のついた料理です。

実は、誰の実況かは残念ながら覚えていないのですが、こんな実況が、高校野球で実際にありました。

「(カキン!という金属音)…青空! 白球! 白いスタンド! ホームラぁ〜〜ン!」

なんと動詞を一つも使わず名詞を並べるだけで、ホームランのシーンを言いきってしまったのです。文字に書くとどう伝わるかわかりませんが、私は実際に耳にしたとき、体の奥が熱くなりました。実況の「常識」は覆していますが、間違いなくかっこいいいし、迫力も情感も伝わる。ギリギリの

加減の調味料の組み合わせで創造された、未知なる美味。匠の味付けです。

　こうした創造的な味は、とっさのひらめきなのか、たゆまぬ研究の成果なのか。料理の世界はわかりませんが、実況の世界では、まちがいなく後者です。やりかたは人それぞれですが、間違いなく皆、研究はしています。テレビの前、風呂の中、トイレの中、布団の中、車の運転中、犬の散歩中――すべてがその時間です。そして、ひらめくのではなく、降りてくるのです。こうして考え抜いた言い回しは、変化はしていても不自然さがありません。一方、「なんとなく人と違うことを言いたい」程度の感覚で、あまり深く考えずにお手軽にひねり出した言葉は、あざとく感じられて拒否反応が出ます。こうなったら逆効果。入れちゃいけない調味料を投入して、味が致命的に壊れてしまった料理のようなものです。もう、お客さんには出せません。

　それぐらいこの技は、実況アナにとって魅惑的にして危険なもの。本気で表現を突き詰める探究心と、何より「迷わず言う」勇気も問われる、相当上級のテクニックです。

上級編その5　緩んだ試合を聴かせる〝引き出し〟

　ここまでくると、達人を超えた神技級になります。

　料理でいうと、お客さんがコース料理を食べ進んでいって、「結構お腹いっぱいになってきたな」となったときに、「ああ、これならまだおいしく食べられるな」とか「あれ、これはこれでうまいな、また食欲が湧いてきた」というような、気の利いた一品をさらりと出す。あるいは、冷めたスープでも、すすってみると口直しになって最後まで楽しめる、そんな料理を提供する技量です。

　スポーツ中継は残念ながら、常に緊張感いっぱいのナイスゲームに出会えるわけではありません。六回終了時で0対11、打線はヒット1本だけとか、中継に入った二回裏に先発投手が一挙7失点で降板という野球の試合、第3クオーター終了で30点差をつけられて第4クオーターへ入るバスケットボールの試合、残り時間5分を切って5対0、リードされているチームは退場者が出て1人少ないというサッカーの試合、などにも出くわします。

これらを、「緩んだ」状態といいます。選手たちは全力を尽くしているのですが、観るほうからすると、緊張感や、わくわくした気持ちが湧かない状態です。こんな状態をしゃべるのは、実況アナとしては、精神的にかなりきついです。本音は「もう、やっとれんわ！　しまい！」と叫んで、放送席から立ち去りたい。しかし私たちは、しゃべり続けなければなりません。

視聴者の立場になれば即座にチャンネルを替えたくなるような緩んだ状態を乗り切る。いや、それどころか、新たなわくわくに変えてしまう。そんなことができてしまう実況アナも、ごくまれではありますが存在します。そんな場面に出くわすと、私は画面の前で手を合わせたくなります。国宝級の仏像に出会ったときの心境です。

では、この緩んだ状況からどう立て直すのか。理屈からいえば、引き出しを探すのです。用意してきた資料、自分の頭に入っている手持ちのネタ、あるいは解説者の方との会話を広げる、などの中から、立て直しのヒントを見つけていきます。とはいえ、実況席は大ピンチの状態。精神的にはかなり切羽詰まっています。こういうときは、冷静な判断がなかなかできず、視野が狭まります。「何かないのか!?」と焦れば焦るほど、欲しいものは出てきません。タンスの棚の中をちゃんと整理しておかないと、いざというとき着たい服が出てこないようなものです。

達人は、こんな修羅場を何度もくぐり、このピンチをチャンスに変える術を心得ていて、それを実践できるのです。ちょっとした昔話とか、日ごろの取材の中で選手がぽろりとこぼしたちょっといい話、あるいは、結構高度な技術や戦術に関するような話（もちろんそれを、やわらかくかみ砕いて）を、さらりと持ち出し、それをきっかけに解説者と有意義で心地よい雑談を〝広げて〟活気を取り戻す。そして試合展開が動いて、再び締まった状態になってきたら、さらりとその話を〝たたんで〟、また試合に入りこんでいく。知識の厚み、状況を見極める判断力、切り替えの適切さといった、実況を構成するすべての技術が凝縮されて、よどみなく力みなく耳に届きます。そして気づけば、緩んでいたはずの試合を、最後まで心地よく聴けてしまうのです。

「実況アナがどれほど人為を加えても、試合は決して、その試合以上のものにはならない」のが実況の原則ですが、ここまでくると「人為」が「現実」を乗り越えてしまう領域といっていいでしょう。この仕事の究極の理想形。野球でいえば完全試合、パーフェクトゲームです。

この例えにはもとがあります。日本の放送史に残る名実況アナウンサー・羽佐間正雄さんが書かれた『実力とは何か』（講談社、１９８７年）です。

この中で羽佐間さんは「私は、野球にパーフェクトゲームがあるように、放送にもパーフェクトがあるのではないかと考え、それを目指して仕事をしてきた。しかし家に帰って放送を聞き返してみると、反省材料が次々と噴き出してくる」と書き、さらにこうも記しています。「アナウンサーというのは、パーフェクトを目指しながら、反省の道を往来し、努力に明け暮れる職業である」。

私からみれば十分「パーフェクト」の領域にいる方のこんな言葉を聞くと、身がひき締まる思いがします。実況が試合を踏み越える「越権行為」は許されませんが、試合との「完全なる調和」は、絶対にあきらめることなく、目指し続ける高みなのだと、思い知らされます。


想像してみてください。コース料理をいただいている途中、冷めたスープを前にしたところで料理人が隣に立ち、「こんな味わい方はいかがでしょう」と、手にした調味料をさっとひとふり。すると、あら不思議。「へえーっ、こんなおいしさがあるんだ」という新たな味が口の中に広がる。そこを見計らって「実はこの調味料は……」と、謎解きとなるうんちくを披露。さらに「お口直しをしていただいたところで、こちらをどうぞ」と、出された次の一品は、口の中にまだわずかに残るスープの味と絡み合うことで、より引き立つような絶妙の味加減に仕立てられている。

スープが冷めていたことも忘れるどころか、それ以上の幸福感に包まれた時間を満喫できましたよね。何を食べたか、という次元を超えて「食事でこんなに幸せな気持ちになれるんだ」と感じていただいたはずです。

私たちが目指すのも同じです。どんな試合でも「スポーツ中継を見るって、こんなに心地いいんだ」——そう感じてもらえるのが、理想の実況だと思っています。

第3章

偉大なる実況アナ
——記憶に残る名ゼリフ

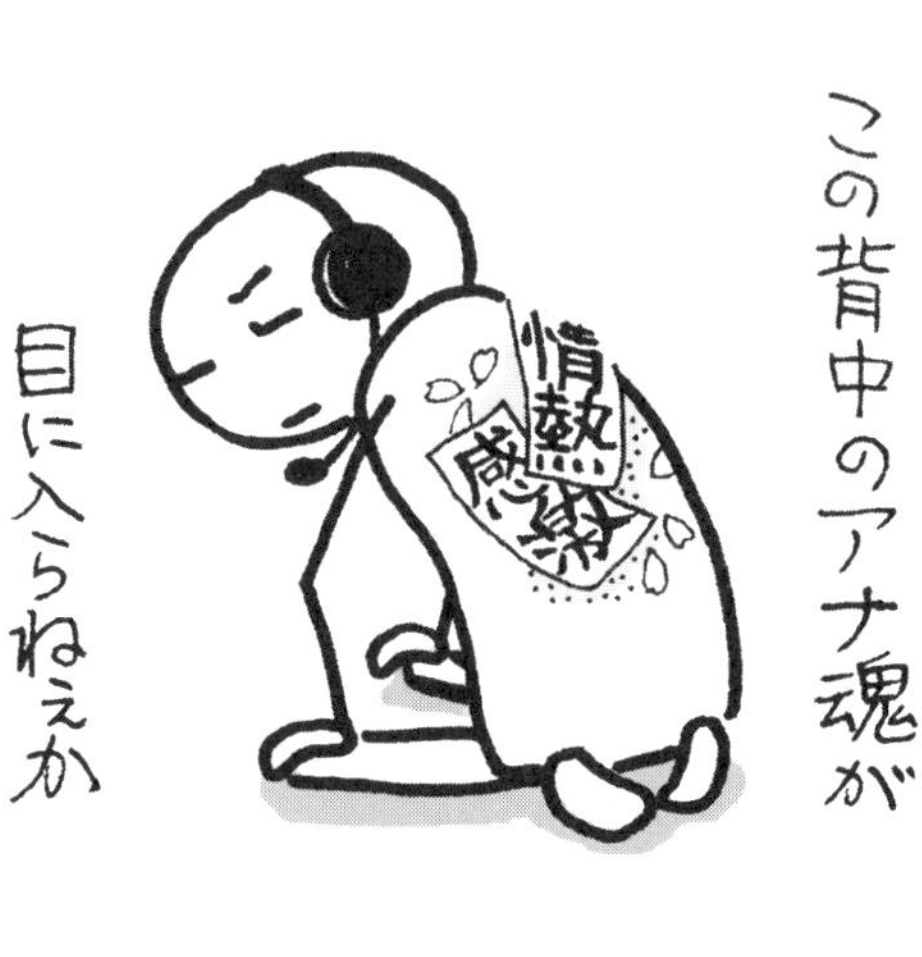
この背中のアナ魂が
目に入らねえか
情熱
感動

「夕闇せまる神宮球場、ねぐらへ急ぐカラスが一羽、二羽……」

まずは、日本にスポーツ実況を創造してくださった先人に敬意を表しつつ、ご紹介させていただきます。

もし「実況の歴史書」というものが存在するなら、間違いなく最初のページに記される人物が、松内則三《まつうちのりぞう》さん（1890～1972年）。この方が使ったのがこのフレーズです。正確にはこの後に、「戦雲いよいよ急を告げております」と続きます。

松内さんは1925（大正14）年、仮放送を始めたばかりの東京放送局（のちのNHK）に入局した、第1期のアナウンサー16人のうちの一人。実況という分野のみならず、日本のアナウンサーの始祖にあたる方です。ちなみにこの16人の中には、二・二六事件の際「兵に告ぐ」と訴えた中村茂さんも含まれています。

松内さんは、現在も使われている野球実況の常套句《じょうとうく》の多くを〝開発〟した方といわれています。「ピッチャー、振りかぶりました」とか、「球は転々、外野の塀に到達」とか、「打ちも打ったり、捕りも捕ったり」などなど。これらを最初に言葉として放送に乗せたのが、松内さんとされています。何事もそうですが、前人未踏の道を切り開く、「無から有を生み出す」ことは、大変なエネルギーがいることです。私たちは、松内さんが無人の荒野を切り開いてつくった最初の一本道の上を歩いてここにいます。お会いしたことはありませんが、実況界の大先輩として心に刻んでいます。

松内さんが創造されたさまざまな実況表現のうち、この「夕闇せまる神宮球場」のくだりは、試合の一番の盛り上がりどころで必ず発せられました。当時最も人気を集めていたスポーツイベントである早慶戦の放送でも使われ、一躍国民的に認知されるフレーズとなりました。早慶戦の録音レコード（そんなものがあったのです）が飛ぶように売れたといいます。大衆の耳に覚えがある〝決めゼリフ〟という意味では、私の子ども時代でいうなら「水戸黄門」のクライマックスシーン、「こちらにおわす御方をどなたと心得る！　おそれ多くも先の副将軍、水戸光圀公にあらせられるぞ！　頭が高い、控えおろう！」のようなものでしょうか。

人気を博して以降、松内さんはこのフレーズをどんな試合を実況するときでも使ったそうです。実際にはカラスが飛んでいないときでも……。あるとき後輩アナウンサーが意を決して「どうして、カラスが飛んでいないのに飛んでいると言うんですか。それでは実況放送とはいえないじゃないですか」と問うと、松内さんはこう答えたといいます。「カラスを飛ばさないと、聴いている人が、試合が終わった気がしないというんだ」

――今でいえば「流行語大賞」のような勢いで、聴衆の心をつかんでいたということがうかがえます。

このフレーズの誕生について、次のような話があるそうです。試合中、松内さんのそばにいた中継プロデューサーが、神宮球場の上空を飛ぶ鳥に気付いて知らせたのですが、実際にはこの鳥は伝書鳩でした（このあたりは時代ですね）。しかし松内さんは、そのまま「鳩が……」と言わず、あえてカラスに変えてアナウンスしたというのです。理由は「黒いカラスに置き換えることで、球場に飛ぶ白球とのコントラストを作りたかったから」だそうです。

もしこの話が真実であれば、同業者の端くれとしては、感動のうなり声が止まりません。

それは二つの理由からです。一つは、音声ですべてを表現するラジオ実況において、松内さんが〝色〟を意識していたということ。そしてもう一つは、「鳩」を「カラス」

に言い換えようと瞬時に判断し、実際に実行できたということです。状況的には、見たままに「鳩」と言ってしまうのが普通です。それはそれで、事実を忠実に描写したのであって、決して誤りではありません。ただ、それではこのフレーズがこれほどの人気を呼ぶ、すなわち人の心に残ることはなかったでしょう。

松内さんは終始歯に衣着せない、畳み掛けるアナウンスが特徴で、同期のアナウンサーや新聞記者たちとの衝突もいとわない強烈な個性の持ち主だったそうです。その反面、後輩の育成に情熱を注ぎ、「アナウンサーは情熱と感激だ。これを失った者はアナウンサーを去れ！」がモットーだったといわれます。同じようなことを、私も先輩に言われた記憶があります。時代を問わず、アナウンサーという仕事の基本はこれなのかなと感じます。

なお、ここまでお読みになって、こう思った方もいらっしゃるかと思います。

「おいおい、そもそも飛んでいるのはカラスじゃなくて鳩じゃないか。自分の都合に合わせて事実とは異なる鳥の種類を伝えるとは何事か！」

それもごもっともですし、現在の放送の基準に照らせば「反則」です。ただ、当時のアナウンサーのしゃべりというのは「実況」とは呼ばず、「実感放送」と呼んでいました。あくまで伝えるのは、しゃべり手の実感であって、この例でいえば、松内さんがこのとき実感したのは、鳩ではなく、夕闇迫る神宮球場上空のねぐらに帰るカラスであった、ということなのです。そういう時代背景だったということで、何卒ご容赦いただきたく存じます。

「前畑ガンバレ、ガンバレ、ガンバレ」

これはスポーツにそれほど関心がない方でも知っている、「国民的実況」の一つでしょう。１９３６（昭和11）年、ベルリンオリンピック。女子２００メートル平泳ぎ決勝、前畑秀子選手がドイツのゲネンゲルを大接戦の末破り、金メダルを獲得したときの実況です。

声の主は、河西三省《かさいみつみ》さん（通称・さんせい、１８９８〜１９７０年）。１９３２（昭和7）年のロサンゼルスオリンピックで、海外からスポーツ実況をした初の日本人3人のうちの一人で、日本のスポーツ実況の草分けです。それから4年後、前畑とゲネンゲルの最後の50メートルのデッドヒートで、河西さんは30回以上「ガンバレ」を叫び、深夜のラジオの前の聴衆を釘づけにしました。翌日の新聞には「あらゆる日本人の息を止めるかと思われるほどの殺人的放送」と最大級の賛辞の記事が載りました。

このフレーズがもたらした最大の功績は、実況は興奮して応援するものだという印象を、多くの人に刷り込んだことだと思います。なにせ選手の名前の後ろに「ガンバレ」という命令形をくっつけ、ひたすらに連呼しているのです。実にシンプルで、これ以上シンプルな言い回しはありません。

余談ですが、娘の小学校時代に運動会に行ったときのこと。放送委員会の子どもたちが懸命に各競技を盛り上げていました。最終種目の紅白対抗のリレーで会場の興奮は最高潮。そのとき彼ら、彼女らが言っていたのは「赤、がんばってください！　白、がんばってください！」の連呼でした。突き詰めると「ガンバレ」に行き着く、それが実況。これこそ原点だと、改めて気づかされました。

ただ、称賛の声だけではありませんでした。前畑さんがゴールしたときに「前畑勝った、勝った」は15回繰り返されましたが、優勝タイムも言っていないし、他の選手のことも全く触れていません。このため「あれでは〝応援放送〟で、客観的な実況放送とは言えない」とか、「3位以下の選手の順位がわからない。スポーツ中継としては〝欠陥商品〟だ」といった批判の声も多数あったそうです。確かにその通りで、もし同じ実況を新人の私がやれば、こってり絞られたことでしょう

　さらに深掘りして調べてみて、大きな衝撃を受けたことがあります。日本のスポーツ実況は、先の松内則三さんと河西さんによって、二つの源流が作られたといわれています。この二つの流れは現在も脈々と受け継がれています。一つは、美しい音の響きと深い含蓄をもつ、いわゆる美辞麗句を駆使し、感情の起伏もあえて隠さず、華やかに、ときに少々大げさに謳《うた》い上げる〝名調子型〟。この源流が、松内さん。対照的に、努めて冷静に、事実を淡々と描写し、その積み重ねで競技の内容や深みをじわじわと伝えていく〝写実型〟が、河西三省さんです。

　誤記ではありません。この、興奮を隠さず、感情をまっすぐにぶつける実況の究極型にも映る「前畑ガンバレ」は、その正反対のスタイルである写実型実況の元祖・河西さんが発したものだったのです。

即断即興で言葉を発する実況は、機械が製品を造るようには生まれません。その言葉を発する人の「人格」を通じて生み出されます。人格といっても、品性とか品格という意味ではなく、パーソナリティという意味です。どの言葉を選び、何をどうしゃべるか。そこに一定の決め事はあるものの、最終的には、発する人間の感性というフィルターを通して言葉にしたものが、その人の実況であり、その人のスタイルになります。

さらにこの実況は、スポーツという分野を超えて、私たちに、大きな宿題を示していると思います。「がんばれ」という言葉について、です。

「がんばれ」「がんばってください」。日常会話でもよく耳にし、よく使う言葉です。スポーツなら試合に勝つ、受験なら志望校に合格する、そんな「叶えたい目標に向かって力を尽くすあなたの姿に期待し、支持します」という善意の表明であり、言われたほうはそれを励みに感じて「ありがとうございます」と答える。これが本来の、そして望ましい用法です。そしてそこから転じて、会話を締めくくるときなどにおさまりがいい日本語として、少々安易に使いがちな言葉でもあります。

一方、「今はつらく厳しい状況でしょうが、どうか乗り越えてやり抜いてください」という意思を表すときにも用いられます。言っているほうは励ましています。他意はありません。でも言われた側には、「自分なりに精いっぱい、ギリギリまでがんばってい て、これ以上はどうにもならない」という心理にある人もいます。そんな人にとっては、鋭い刃《やいば》となって心に刺さる、力を振り絞って支えている心を、残酷に折りかねない言葉にもなります。相手の状況にかかわらず一律に期待を表明してしまう、でも便利なので、あまり深く考えずに口をついて出てしまいがち。「がんばれ」はそんな、「取り扱い注意」の言葉だ――新人の頃から口酸っぱく言われ、私の身体に染みこんでいます。

およそ80年前とは、「がんばれ」の持つ意味も、受け止め方も異なるのかもしれません。その上で、この国民的名実況を聞くと、

「がんばれ」という、美しくも恐ろしい言葉の重みを感じます。そして、アスリートと接する機会が多いがゆえに、この言葉を使いがちな私たちに、河西さんが天からにらみをきかせているようで、身が引き締まります。

「双葉山、きょうまで六十九連勝。七十連勝なるか。七十は古稀。古来稀なり」

「双葉山」とはもちろん、不世出の大横綱、双葉山定次（１９１２〜１９６８年）。１年に2場所しか開催されなかった戦前の大相撲で、実に3年間勝ち続け、現在も破られていない69連勝を達成。そしてその様子はラジオ放送で全国に流れ続け、双葉山は国民的英雄に、そして相撲は大衆の娯楽になりました。

その大記録が止まったのが１９３９（昭和14）年1月15日、結びの一番。大関・安藝ノ海戦。この一番を実況したのが、当時29歳のＮＨＫアナウンサー、和《わ》田《だ》信賢《のぶたか》さん（通称・しんけん、1912〜1952年）です。

この実況はいうまでもなく、取り組み前。これから空前絶後の連勝が70という大台に乗るのか……という、これから起きることへの注目を高めるための、いわゆる「煽《あお》り」です。

煽りは、スポーツ実況の構成要素としてはかなり重要なものです。スポーツは筋書きのないドラマ。先は誰にもわからないから、始まるまでの時間は「どうなるんだろう」と期待と不安が交錯する。それが大きければ大きいほど、身震いするような快感が走る。それがスポーツ中継の楽しみです。ならば実況アナの務めは、それを最大限盛り上げること。結末への興味を極限まで膨らませようと工夫を凝らします。そこは腕の見せ所であり、実況アナの個性がはっきり出るところです。

「七十は古稀、古来稀《まれ》なり」は、唐の詩人、杜甫の「曲江」の一節、「人生七十古来稀（じんせいしちじゅうこらいまれなり）」からの引用。当時の70歳はめったに到達できない長寿。転じて70は、確率が極めて低いことを意味する数字です。80年前は今より漢詩が日常的で、「古稀」と聞いてそのイメージは聴衆の頭の中に広がりやすかったのでしょう。さらに、当時の日本人の平均寿命は男女ともに40歳代（これはちょっと驚きです）。現代より格段に「人生七十古来稀」にはリアリティがあったでしょう。当時の日本人のリテラシーに沿った言葉の選択です。

この大一番の直前に「古稀」を耳にした人はこう思うはずです。「ああ、そんなに『めったにない』、とてつもない大記録が生まれるかもしれない、そんな歴史的な瞬間が迫っているんだ」。一方で、こんなことも思い浮かぶはずです。「待てよ。古くからそんな『まれ』だということは、ひょっとしたら達成されないのでは」。70という、希少性の代名詞と認識される数字を「古稀」を用いて印象づけ、大記録が生まれるのか、途絶えるのか、期待と胸騒ぎを存分に増幅させる、絶妙な言い回し。

当時の大相撲は現在のように仕切りの制限時間がなく、呼吸が整って両力士が立ち会うまで、何度でも仕切りを繰り返していました。仕切りという「静」から、立ち会いという「動」に、いつ切り替わるかわからない。そんな極限の緊張感の中で、さらりと「古来稀なり」と格調高いフレーズを持ち出す知性と冷静さ。本当に脱帽です。

そして、安藝ノ海の左外掛けで双葉山が土俵中央に倒れたそのとき、和田さんはこのように絶叫しました。

「双葉敗る！　双葉敗る！　双葉敗る！　時に昭和14年1月15日。旭日昇天まさに69連勝、70連勝を目指して躍進する双葉山、出羽一門の新鋭・安藝ノ海に屈す！　双葉、70連勝ならず！　まさに七十、古来やはり稀なり！」

これぞ究極の名実況。「古来やはり稀なり」と締めくくることで、仕切り中に発した「古稀」が最高の布石として生きました。筋書きのないドラマであるはずなのに、和田さんだけはすべてお見通しで、この世紀の大一番がまるで自分で書いたシナリオ通りに進んだような出来栄えです。「神は細部に宿る」といいますが、本当に細やかなところまで神経の行き届いた、精密機械のような「神」の領域の実況に、私には映ります。

和田さんは早大在学中にNHKアナウンサー学校の試験に合格すると、大学を中退して同校の1期生となりました。先の松内則三さんや河西三省さんといった「開拓者」の先輩たちの元で学びつつ、独自の実況で天才と呼ばれました。描写の中に数々の絢爛豪《けんらんごう》華《か》な美辞麗句を盛り込んで謳《うた》い上げるスタイルで、相撲中継では両力士を戦国武将に例え、決戦を講談のように語ったといいます。

「天才」と謳われる人ほど、実は血のにじむような努力を人知れずしているといいますが、和田さんにはそんな逸話がいくつも残っています。泉鏡花や夏目漱石、森鷗外などの文豪の作品を愛読し、そこに書かれた表現を参考にしたとか、当時流行の婦人雑誌の切り抜きをポケットにしのばせ、アナウンスの中で使える表現を探った、など。奥様によると、自宅の書棚にある全集は何度となく読み返され、至るところに赤や青の線が引かれ、相撲中継が始まる1カ月くらい前からは資料を集め、本を買い、使える表現をカードに書き込みました。「一人で部屋に閉じこもって、私でも近寄れない、鬼気迫るものがあった」そうです。

和田さんは1945（昭和20）年8月15日に「ただいまより、重大なる放送がありま す。全国聴取者の皆様、御起立願います」から始まる終戦放送、いわゆる「玉音放送」の進行を担当し、戦後は、ラジオクイズ番組「話の泉」の司会者として、回答者との絶妙な問答で国民的人気を誇りました。スポーツ実況にとどまらない、万能の才を発揮された方でした。しかし1952年、ヘルシンキオリンピックの実況を終えた帰路、病のため、40歳の若さで逝去されました。日本が戦後初めて参加した、敗戦からの復興の希望となったオリンピックを現地から伝え、それが最後の仕事になりました。アナウンスに生き、アナウンスに殉じた人生に、心揺さぶられます。

余談ですが、連勝が止まった双葉山は、淡々とした口調で「我、いまだ木鶏たりえず」という言葉を残しました。木彫りの鶏はどのような状況にも動じず、己を崩さない。闘鶏における最強の状態として「荘子」に収められている言葉です。和田さんしかり、双葉山しかり。当時の方々の知識、教養の高さを尊敬してやみません。

「沢村、左足を、靴底のスパイクがはっきり見えるほど、高々と上げました」

「沢村」とは、プロ野球草創期の伝説の名投手、沢村栄治。躍動感あふれるフォームから繰り出す快速球とドロップ（今でいう落差の大きいスローカーブ）で、ベーブ・ルースなどのメジャーの強打者たちをきりきり舞いさせた日本プロ野球界の元祖スーパースター。この投手の投球フォームを、こう描写したのは、元ＮＨＫアナウンサー・志《し》村正《むらまさ》順《より》さん（通称・せいじゅん、１９１３〜２００７年）です。

志村さんはアナウンサーで唯一、野球殿堂入りを果たされ、東京ドーム内の野球殿堂博物館に肖像レリーフが飾られている実況界の巨星。２００７年12月１日、94歳で亡くなりましたが、逝去の報に接した王貞治さんは「ファンと私たち選手とをつなぎ、ラジオを通して野球の素晴らしさを伝えた球界の恩人の一人」とのコメントを出しました。アナウンサー冥利に尽きる、最高の賛辞です。

全盛期は「血沸き肉躍る、空前絶後の中継」と評された志村さんの実況。その特徴は、まずスピードとキレ味。その口調は「アレグロ・コン・フォーコ」（音楽用語で「速く、情熱的に興奮して」という意味）、「声の軽機関銃」、「横板に水」とも形容されました。「立て板に水」以上の、「横板」でも水が流れるぐらい、と例えられるほどの滑らかな口の回転、そして明瞭な発声と発音を誇りました。スポーツに例えるなら、飛びぬけて身体能力が高いアスリート型の選手でしょうか。走る、飛ぶ、投げるといった動きが、もともと他の人より明らかに高いレベルでできてしまうのと同様の、天性の声、発音、滑舌を持っていたと思われます。

「アナウンサーって、みんなそうでしょ」と思われるかもしれません。いやいや。プロ野球選手の間でも「あいつの身体能力にはかなわない」と脱帽する傑出した選手がいるように、この世界にも同業者がほれぼれするような、「あの声が自分にあれば」とうらやむしかない美しい地声や発音を、天賦の才として授かった人はいるものです。

ただ、傑出した身体能力を持つ選手がすべて超一流にならないのと同様に、声質や発声に恵まれていれば、すべからく名実況ができるわけではありません。志村さんが不世出の存在になったのは、リズムやテンポ、選択する語彙《ごい》の豊富さ、描写の的確さ、表現の巧みさといった実況技術も、至高の領域にあったからです。それらは後天的に身に付けるものが大半で、センスだけでは絶対に無理です。地道な努力をいとわず、努力という才にも恵まれた人だったのではないかと推察します。

という方ですから無論、名実況の宝庫ですが、数ある中でこのフレーズを選ばせていただいたのは、技量の素晴らしさだけでない、歴史的な重みを感じるからです。

このフレーズが世に出たのは、1936（昭和11）年11月29日。東京・江東区の洲崎球場で行われた、巨人対セネタース（ファイターズのルーツとなる球団です）戦。これが、沢村投手の投球がラジオの電波に乗って流れた最初の試合でした。そして驚くべきは、志村さんのNHK入局も1936年。つまり、新人でこの試合を担当していたのです。

当時、野球といえば東京六大学を頂点とするアマチュアが主流。この年に始まった職業野球は、「野球をすることで金銭を得るなど卑しい」という位置づけでした。学生野球の聖地、神宮球場には「職業野球のスパイクでは球場の土が汚れる」と使用を断られ、大学野球の中継中に試合経過を放送すると、「大学野球の合間に、職業野球のスコアをしゃべるとは何事か」と抗議が来たそうです。当然、エースのアナウンサーは六大学を担当。職業野球は新人の修業の場という扱いで、ゆえに志村さんにその任が巡ってきたのです。

そこで志村さんは才能を存分に発揮し、名アナウンサーへの階段を上り始めました。それはそのままプロ野球が現在のスポーツの花形へと変わる道程です。その出発点となったこの実況は、放送史と野球史の双方において、象徴的な意味があると思います。

このフレーズが技術的に特に優れているのは、即時描写における目のつけどころの妙です。沢村投手が左足を高く上げる、という客観的な事実は、実況する人間なら誰でも気づくし、言うでしょう。ただ、「靴底のスパイクがはっきり見える」という言い回しと、そこを選んだ目のつけどころが抜群なのです。

この言い回しをイメージして、頭の中で投球をしてみてください。体が許せば、投げる動作をするとよりわかると思います。沢村投手がどれほど強靭な下半身とバネのある筋肉、そして柔軟性を持ち、力強いフォームで投球していたか。そしてその速球にどれほど威力があったのか。イメージが膨らむのではないでしょうか。球速は時速160キ口を超えていたという説もありますが、ラジオに聞き入っていた聴衆にも、この志村さんの実況で、沢村は「ただならぬ投手だ」という印象が広がったはずです。単に動作を伝えるだけでなく、沢村栄治というアスリートの能力の高さまで、一瞬にして想像させる効果があります。さらにそこから踏み込んで、職業野球のレベルの高さ、さらには野球というスポーツの躍動感にまで想像が膨らみます。「靴底のスパイクがはっきり見える」には、そんな奥行きを覚えます。

志村さんのこうした卓越した実況を耳にして、ラジオの前の人たちは「そんなすごい選手たちのプレーを、もっと聞きたい」という欲求が駆り立てられたはずです。その積み重ねで、プロ野球が大衆の関心を集め、国民的スポーツへと成長していった様子が想像できます。先の王さんの「球界の恩人の一人」というコメントは、決して大げさではありません。私がファイターズ戦の実況をできるのも、元をたどれば志村さんという巨星が、こんな巧みな実況を駆使し、プロ野球の価値を高めてくれたからだと、感謝の念に堪えません。私もこんな足跡を残すべく努力したい、せめて志だけでもかくありたいと思います。

志村さんの功績はこれだけではありません。それまでのアナウンサーのひとりしゃべりだった中継に、解説者を参加させるアイデアを発案し、現在のスポーツ中継の原型を創造し、定着させたのも志村さんです。野球では小西得郎さん、相撲では神風正一さんという元祖・人気解説者も発掘。描写に会話の面白さが加わることで、聴衆に「参加している」雰囲気が生まれ、スポーツ中継はより多くの人の心をつかみました。また「解説者をどう生かすか」という新たな技術を最初に世に示したという点でも、私たちの手本です。

スポーツ実況以外でも数々の名アナウンスを残した志村さんは、時代がラジオからテレビへ移行していく中、1964年の東京オリンピックを境に、放送の第一線を退きました。理由は「百聞は一見には叶わない」と感じたから。テレビの実況が、いかにそれまでの技術と異なるか、またそれを改めて構築することがいかに困難か。究極の職人ゆえにそれを痛感し、潔く身を退いたように思えます。

「私たちにとっては、『彼ら』ではありません。これは、私たちそのものです」

１９９７年11月16日。サッカーワールドカップ（Ｗ杯）・フランス大会への出場権をかけた、アジア第３代表決定戦、日本代表対イラン代表。のちに「ジョホールバルの歓喜」と称される、日本がゴールデンゴールで勝利を収め、悲願のＷ杯初出場を決めた一戦の、試合開始直前のフレーズです。

もう少し前から紹介しますと、こういう流れでした。「このピッチの上、円陣を組んで、今、散った日本代表は、私たちにとっては『彼ら』ではありません。これは、私たちそのものです」

世界最高のスポーツイベントの一つであるサッカーワールドカップに、日本が初めて出場することができるか否かがかかったこの試合は、サッカー界は言うに及ばず、日本の放送の歴史においてもトップクラスの大事な一戦でした。

試合はフジテレビとＮＨＫ―ＢＳで中継され、ＢＳの実況はＮＨＫの山本浩アナウンサーでした。山本さんは、アナウンサーとして唯一、日本サッカー協会の「サッカー殿堂」入りしている金子勝彦さん（東京12チャンネルで「ダイヤモンドサッカー」の司会と実況を長らく務めました）と双璧を成す、サッカー実況では「伝説」の領域の方です。「ドーハの悲劇」とJリーグ開幕（ともに1993年）を契機に、日本サッカーが一気にメジャーコンテンツへと駆け上がっていく時代の、サッカー実況の「ど真ん中」にいました。ニックネームは風貌が「男はつらいよ」の渥美清さんに似ているところからトラさん。サッカー実況を志す者にとって、トラさんの実況は、「この人のしゃべりをまねすれば、サッカー実況は必ず合格点を取れるよ！」と帯がついた、受験生必携の参考書のような存在でした。

それだけの実力、実績のある方ですので、当然、名言の宝庫です。実は最も有名なのは別のフレーズです。1986年のW杯メキシコ大会で、アルゼンチンのマラドーナが見せた「伝説の6人抜き」ゴールシーンを「マラドーナ、マラドーナ、マラドーナ、マラドーナ、マラドーナ〜〜〜！」と名前の連呼のみで表現したことでしょう（私は当時大学生で、生で聴いていました）。相手選手をドリブルで抜くたびにトーンが上がっていき、シュートシーンさえも「マラドーナ〜！」と名前で締めくくった表現は、実況手法の革命的な転換点ともいえるようなインパクトを与えました。
今回、あえて「私たちにとっては……」のフレーズを選んだのは、スポーツ実況の最も根底に流れる〝精神〟を示すものだと思うからです。

スポーツ中継のキモとは、〝臨場感〟と〝一体感〟を伝えること。それに尽きると私は思います。画面の中でプレーする選手たちを前に、スタジアムにいるような臨場感と、わが事のような一体感を持って見守る時間を作る。それがスポーツ中継の役割です。例えるなら、選手という「私」と、観戦者という「私」をつないで「私たち」にする。それがスポーツ中継の基本姿勢であり、精神です。実況アナの仕事も、もちろんその姿勢と精神のもとにあります。練りに練った凝った描写も、あらんかぎりの絶叫も、すべては、そのためにあります。

ピッチにいるのは彼らという他人ではなく、自分たちなんだ——スポーツ中継のそんな本質を、これほどストレートに表現したフレーズはなかなかありません。選手たちは一個人ではなく私たちの代表なんだ、そんな彼らが全力で戦う姿を、私たちはわが事のように見つめていくんだ。勝てばみんなで喜び、負ければみんなで悲しむんだ。そんな試合の位置づけ、中継のスタンス、そして観る側の心構え、すべてを表しています。

正直にいえば、この言葉は「そのままますぎ」ます。若手アナが使ったら「ひねりがなさすぎ」とか「語彙が貧困だ」と先輩からお叱りを受けかねない、まっすぐな表現です。でもこのクラスのビッグゲーム、このときの世の中の空気だと、ずっしりと心に響きます。果たしてここまでストレートな覚悟を、中継の冒頭で宣言できるか、正直私には自信がありません。

それがさらりと言えた、そして聴いていた人々の心に抵抗なくさらりと入り込んだということは、この試合の位置づけを山本さんが的確に理解していたという証であり、同時にサッカーという競技、そしてスポーツ中継のあり方を、日頃からどれほど突き詰めていたかを示すものだと私には思えます。山本さんはNHKを退職後、大学教授を務めており、スポーツ実況に関する著書も執筆されていますので、このフレーズにはもっと論理的な背景があるのかもしれません。でも、実況アナの端くれとして、また、あの試合を一視聴者として応援していた一人として、とても大切なことを教えてもらったように思います。

「あり得る最も可能性の小さい、そんなシーンが現実です！」

２００７年、第89回全国高校野球選手権決勝。佐賀北（佐賀）対広陵（広島）戦の八回裏に、佐賀北の３番、副島浩史選手が放った、逆転満塁ホームランの場面でのフレーズです。

試合は八回表を終えて４対０と広陵がリード。ところが八回裏。佐賀北が広陵の先発、野村祐輔投手（現広島、２０１６年に最多勝のタイトル獲得）を攻め、１死満塁から押し出しの四球で１点を返し、なおも満塁。そこで副島選手のバットから、起死回生の逆転の一打が生まれたのです。

野村投手の前に佐賀北打線は七回まで１安打に封じられていましたが、八回、１死から連打で走者が２人出ると球場の雰囲気は一変し、佐賀北を後押しする空気がうねりのように湧き出しました。高校野球には特有の「判官びいき」が根付いていますが、このときは地方の公立校・佐賀北の前評判を覆す快進撃が「がばい旋風」と称され、特にその空気が顕著に出ていました。対する広陵は、のちに5選手がプロに進んだ優勝候補でしたが、このときは異様なほどの「逆風」にさらされていました。

野村投手の持ち味は制球力です。直球、変化球ともに、憎らしいほど自在に投げ分けていた野村投手が、1死満塁、3ボール1ストライクから投じた1球は、際どいところでしたが「ボール」の判定。それまで表情を変えずに投げていた野村投手の顔が、思わずゆがみました。1点が入りなおも満塁。3球目に投じたスライダーは、明らかに高めに浮きました。それを逃さずバットを一閃する副島選手。高い金属音とともに、白球はスタンド中段へと消えていきました。興奮が最高潮に達する中、ホームインした副島選手が、仲間とともにベンチへ戻る際に発せられたのが、このフレーズです。

実況したのは、NHKの小野塚康之アナウンサー。野球実況30年以上の大ベテラン。自身も元球児で大の野球好き。野球に人生を捧げたといっても過言ではないほどの渾身の実況で、ファンから「神実況」とあがめられるほどの方です。

そこには、野球への愛と情熱があふれています。ライナー性の打球を「痛烈」ではなく「ツゥウレェエーーツッ!」と叫んだり、滅多打ち状態の投手を「グチャグチャあ

～！」と表現したり（たまたま生中継で耳にしましたが、驚きと同時に、「こんな表現をしてもいいのか！」と目の覚めるような思いをしました）、「小野塚節」ともいうべき強烈な個性を放つ実況は、おそらくは好き嫌いがはっきり分かれるかとは思いますが、私は大好きです。ちなみに2004年夏、駒大苫小牧高による北海道勢の甲子園初優勝の瞬間の実況も小野塚アナでした。そのときのフレーズは「優勝旗、北の大地に渡る！」でした。

そんな小野塚アナの実況の中から、なぜこのフレーズを選ばせてもらったか。それは、「易きに流れない」アナウンサーとしての強い信念が伝わるからです。

この逆転劇を表す「ひとこと」は何でしょう？　おそらくこれを思い浮かべる人が多いのではないでしょうか――「奇跡」。そう、確かにこれが一番わかりやすい。でも、スポーツ実況の世界では「奇跡」は、取り扱い注意のワードです。なぜか。辞書にはこう書かれています。

【奇跡】常識では起こるとは考えられないような、不思議な出来事。特に、神などが示す思いがけない力の働き。また、それが起こった場所。

つまり奇跡とは「なぜ、それが起きたのかわからない。自分の理解を超えた」という意味が込められています。ということは、この言葉を使うことは「なぜそうなったのかわからない」という意思表示です。

確かにスポーツは「筋書きのないドラマ」で、先のことはわかりません。でも「こうなる可能性はある」という予測とか、「なぜこうなったのか」という分析はできます。そしてそれは、実況という仕事の大切な要素であり、実況アナは常にそうした予測や分析の精度を高める勉強をしていかなければ、試合についていくことはできません。そのためにも、「なぜかはわからない」を表明する「奇跡」という言葉に逃げる習慣をつけてはいけない。だから、「奇跡」はなるべく使わないように。私は若手時代に、先輩にそう諭されました。おそらくこれは私だけでなく、一定の経験を積んできている実況アナなら一度は言われたことがあるのではないかと思います。

とはいえ、「そう表現するしかないよ!」と言いたくなるようなことが起きるのもまた、スポーツの魅力です。この逆転劇は、まさにそんな例です。でもそこで「奇跡」という、悪く言えば「陳腐」な言葉を使ってしまったら、この一打の価値が薄れてしまう。もっと何か言うべき表現、ふさわしい言い方があるはずだ――。そう考えて、数秒の余地しかない中で、執念で探し出したのがこのフレーズのような気がしています。

「奇跡」に代わる言い方を、普段から探求していなければ、瞬間的にここまで適切な言葉は出てこないでしょう。小野塚アナの言葉に対する探求心、そして野球という競技を日頃から深く掘り下げている姿勢が伝わります。同業者として深い敬意を覚えます。

……と、これだけ書いてしまうと、もう実況の中で「奇跡」という言葉は使えませんよね。もしとっさに口をついて出てしまったなら、画面に向かって「お前、浅いんだよ！」と思い切り突っ込んでください。

「立て、立て、立て、立ってくれぇーーー！」

1998年2月15日。長野冬季オリンピック、スキージャンプ男子個人ラージヒル。
上川町出身の原田雅彦選手の2回目のジャンプ。1回目の失敗ジャンプで6位にとど

まってしまった原田選手が逆転をかけて飛び出し、計測不能の特大ジャンプ（全競技終了後に最長不倒の１３６ｍと判定）で銅メダル獲得につながった、まさにその空中にいるときの実況です。

１９７４年の札幌以来、日本で開催された2度目の冬季オリンピックだった長野大会。空前のメダルラッシュの中にあって、スキージャンプの活躍は際立ちました。最高のドラマとして今も語り継がれている団体での逆転金メダル、そして個人でもこの原田選手の銅と合わせ3個のメダルを獲得。史上最強と謳われた「平成の日の丸飛行隊」の面目躍如の大会でした。

当時私はまだ名古屋の放送局に在籍中。のちにこの競技を実況するとは夢にも思わず、視聴者の一人として連日大興奮していました。入社7年目と、実況者の気持ちもわかるようになっており、耳に飛び込んでくる熱い言葉の数々が、特に身に染みたオリンピックでした。その中にあって、今も鮮明に心に残っているのがこのフレーズです。

実況は、ＮＨＫの工藤三郎アナウンサー（現在は定年退職されフリー）。当時からそうでしたが、長きに渡って「日本のスポーツ実況のエース」的存在で、国民的に関心の高いスポーツシーンには、必ずこの声があったといってもいいでしょう。高い技術と見識を持った、まさしく「王道」を行く、エリートアナウンサーです。

こうした方の実況は、起きているシーンとコメントの同調性があまりに完璧であるがゆえに、余計な余韻が残らず、後々まで「あとを引く」ようなフレーズが実は意外と少ないのですが（それが実況の理想形でもあります）、これは珍しくあとを引く「クセのある」実況で、特に印象に残っています。

どこに「クセ」を感じるか。それは、スキージャンプというより高く、より遠くに飛ぶ競技で、今まさに選手が飛んでいるときに、「立つ」行為に着目しているところです。観ている人、聴いている人誰もが、「飛べ！」という気持ちになっている場面で、これほどまでに「立つ」ことを強調する実況は、本来ならばかなりの違和感を覚えるはずです。ところが、当時リアルタイムで聴いていた私は、「それは違う！」とは全く思いませんでした。実に自然に、心地よくこの実況が腹に落ち、名場面の一部として強く心に刻まれました。ただ、なぜそう思えたのか、当時は納得のいく説明ができませんでした。

あれから20年近い歳月が過ぎた冬のある日。その答えを、ご本人の口から聞くことができました。といっても工藤アナではなく、飛んで「立った」ご本人、原田雅彦さんからです。

私と同世代の原田さん。偶然にも2006年の引退ジャンプを実況させていただきました。以降、「TVh杯ジャンプ大会」の解説や雪印メグミルクスキー部の指導者の立場で、さまざまなお話を伺う機会があるのですが、あるときこの実況の話題になり、「真相」を語ってくれました。

「長野のときは地元開催のオリンピックということで、放送関係の方々の取材はそれまでの大会よりも数段熱心で、工藤さんはじめ担当のアナウンサーは、相当前から本当に足繁く私たちのところに来て取材されていたんです。ジャンプの技術的なこともすごく勉強されていて、選手ごとの空中姿勢とか、飛行曲線の違いなども頭に入れていた。私のジャンプは、踏み切りで高く飛び上がって、より大きな放物線を描いていく、他の選手と少し違う独特のスタイルだったんですけど、こういう飛び方は、他の飛び方より、着地が難しいんです。そのことも、当然工藤さんは知っていた。

そして勝負をかけたあの2回目のジャンプ。普段から私の飛行曲線を見てきた工藤さんには、『この飛び出しなら、絶対に距離は出る。でもその分、着地が大変だぞ』というのが、瞬間的にわかったと思います。だから飛ぶことより、立つことのほうに意識がいったんでしょう。着地さえすればメダルは取れる。それぐらい、飛距離が出ることには確信があった。極端に言えば、飛び出した瞬間から、着地のことしか考えずにしゃべっていた、という感じがしますね」

そして次の言葉が、核心をついていました。「実際、私もそうだったんです。飛び出した瞬間、『あ、これはいける。あとは着地だ』と思いましたから」

つまりこの表現は、飛んだ本人の認識を、全くもって忠実に伝えていたのです。ジャンプの内容を迅速かつ正確に解析した上で選択した言葉だから、聞く人の耳に抵抗なく入り、心に響いたのです。その判断は、地道な取材と研究の賜物です。つまり

取材力、分析力、判断力、そして表現力、実況を構成するすべての要素が、この実況でかみ合い、この名フレーズを生んだのです。

　こんな風に仕事と向き合いたい、そんな気持ちになる実況です。

「しっかりと踏めよ、しっかりと踏めよ、ちゃんと踏めよ！」

　先に紹介した「立て、立て、立て、立ってくれー」と同じ匂いのする、「クセのある」フレーズですが、ここまで来てしまうと正直、「いったい、どこが実況なんだよ!?」と突っ込みたくなりますよね。もちろんれっきとした、実際にあった実況です。しかもこれまた、日本のスポーツ史に残る名場面を彩った、名実況です。

　2001年。プロ野球パ・リーグは混戦でした。終盤を迎えて西武、福岡ダイエー(現ソフトバンク)、そして今はなき大阪近鉄バファローズによる三つ巴の優勝争い。下馬評通りの強さを示した西武、ダイエーに対し、2年連続最下位だった近鉄の躍進は予想を裏切るものでした。とにかく投手力が弱く、チーム防御率はリーグ最低。しかしそれ以上によく打ちました。シーズン55本塁打のローズ、46本塁打、132打点の中村紀洋という「二門の超・長距離砲」を軸とした、チームの伝統「いてまえ打線」が弱体投手陣を補い、乱打戦を制して勝利を重ねていきました。

その近鉄が、最終盤のデッドヒートを抜け出しました。9月24日の西武戦で九回に中村が松坂大輔からサヨナラ本塁打を放って、優勝マジックはついに1に。そして翌々日の26日、大阪ドーム（現京セラドーム大阪）でのオリックス・ブルーウェーブ戦で、この実況が生まれることになります。

超満員の観衆が詰めかけた中、試合はしかし序盤からオリックスのペース。5対2と近鉄がリードを許したまま九回裏へ。漂う敗色ムード。しかしここで「いてまえ打線」のスイッチが入りました。オリックスの守護神、大久保勝信に襲いかかり、2連打と四球で無死満塁とすると、梨田昌孝監督は代打・北川博敏を告げます。

北川選手はこの年阪神から移籍してきたプロ7年目。古巣では結果が出ませんでしたが、新天地で勝負強い好打者に変貌。サヨナラ打を連発し、自らヘルメットに「サヨナラ男」のステッカーを貼っていたほどでした。球場の空気は明らかに変わっています。「何かが起きる」――それは画面で見ていても伝わってきました。カウント1ボール2ストライクからの4球目。外角のスライダーに対し、北川がバットを一閃すると、打球は左中間スタンド5階席へ飛び込みました。

代打・逆転・サヨナラ・満塁・そして優勝決定本塁打。3点差をひっくり返す満塁本塁打を「おつりなし」といいますが、これは究極のおつりなし。プロ野球史上初の結末です。

実況したのは、大阪・ABCテレビの楠淳生《くすあつお》アナウンサー。夏の甲子園を中継するABCは、伝統的に野球を中心としたスポーツ実況で優秀なアナウンサーを数多く輩出しています。「甲子園に奇跡は生きています」「青い空、白い雲」「甲子園は、清原のためにあるのかぁー！」などの伝説的フレーズを生んだ植草貞夫《うえくささだお》さんがその筆頭ですが、楠アナウンサーはその系譜を由緒正しく受け継ぐ野球実況のエキスパート。私より10歳年上で、高校時代、夢中で聞いていたラジオの深夜放送のパーソナリティーの一人として、憧れの存在でした。

近鉄の全選手がホームベース付近に集まり、お祭り状態で大殊勲の北川選手を待ち受けます。サヨナラホームランのシーンでよく見かける光景ですが、ここはその喜び方、興奮の度合いが尋常ではありません。狂気すら感じる状態の人の塊の中に、まさに北川選手が飛び込む刹那、楠アナウンサーはこのフレーズを発しました。

実況アナにとっては至福の瞬間。しかし、天文学的な確率でしか出会わないゆえに、冷静でいるのは難しいシーンです。まして周囲はパニックに近い異常な興奮状態。相当の経験を積んだ人でも、熱気に飲み込まれて我を忘れ、勢いにまかせてしゃべってしまい、重大な判断ミスを犯すリスクがある。そんな非常事態の中で出たこのフレーズに、私は凄みを覚えます。

ここには、興奮の渦中にありながらそこに飲みこまれない、楠アナの一抹の冷静さがあります。「ホームインが成立するまで、試合は終わらない」という野球の基本を、頭の片隅から消していないのです。

ルール上では、ホームランはスタンドにボールが入っただけでは得点にはなりません。打った打者が四つのベースを順番に踏み、ホームインして初めて得点が認められます。万が一踏み忘れたり、前の走者を追い越してしまったりすれば「アウト」。すべてが水の泡です。ここでは北川選手がホームを踏んで初めて3点差を逆転する得点が記録され、それを持って勝利と優勝が決まるわけです。

そんなことは、野球実況をするアナウンサーなら誰でもわかっています。でも、プロのレベルではベースの踏み忘れはほとんど考えられないので、意識の彼方のほうに追いやられています。まして、こんな場面で思い出すなんてなかなかできません。普通は打球がスタンドに飛び込んだ瞬間から、優勝が確定した前提に切り替わり、この稀代《きたい》の劇的なシーンをどう語るかで頭がいっぱいになるはずです。でも、楠アナウンサーは忘れていなかったのです。

その昔、「冷静と情熱の間」というタイトルの映画がありましたが、スポーツ実況はまさに冷静と情熱を常に同居させながら進める行為。これまでのところメジャーでも記録されていない、代打逆転サヨナラ満塁優勝決定「おつりなし」本塁打という、空前絶後の大記録の場面でも、興奮一辺倒にならず、一抹の冷静さを忘れなかった、実況の真髄をここに見た気がします。

nice jikkyo 09

「おお〜っとぉ、音速の貴公子が、ここでしかけたぁ〜！」

まずお断りいたします。この言い回しは実際に実況されたものではありません。「あの人の実況ってこんな感じ」という特徴をとらえた、いわば「名言のサンプル」です。

１９８０年代後半から90年代前半。バブル景気の真っただ中、テレビのスポーツ中継に新しい潮流が訪れました。モータースポーツの最高峰、Ｆ１（フォーミュラ１）です。それまで日本では一部のマニアが楽しんでいたものが、一躍テレビのメジャーコンテンツに躍り出ました。時速３００キロ以上のスピードで争う「音速のバトル」は、同時に自動車産業の技術力を競い合う、ビッグマネーが動くビジネスの場にして、セレブリティが集う華やかな社交場。そんな、多くの人にとって日常からかけ離れた世界が、時代の波にも乗り、多くのファンの心をつかみました。ホンダが本格参入し、欧州の自動車メーカーを打ち負かす、「世界を席巻するニッポン」という痛快な構図があったことも、人気に拍車をかけた面があります。

F1の中継は、それまで実績がありません。当然実況にも、過去のひな型がありません。そこで新たなものが展開されるわけですが、それは従来の「これがスポーツ実況だ」と認識されてきた、いわば先入観を破壊するような刺激にあふれたものとなりました。当時の私には、それは実況の〝革命〟と映りました。

〝革命者〟は、古舘伊知郎《ふるたちいちろう》さん。今はニュースキャスターの印象が強いかもしれませんが、そもそもテレビ朝日のアナウンサー時代に斬新なプロレス実況でその名を世に売り、このF1の実況で、不動の地位を築きました。

古舘さんの実況の最大の特徴は、驚異的な語彙力とその組み合わせの妙による、「キャッチコピー的な比喩表現」の多彩さです。選手の見た目やプレーの特徴をわかりやすい言い回しで例えるのは、実況の常套手段ではありますが、古舘さんのそれは従来の領域を遥かに超えた独創性に満ち、圧倒的な存在感を見せました。プロレス実況時代から「巨大なる人間山脈」「一人民族大移動」（身長2メートル33センチの巨体レスラー、アンドレ・ザ・ジャイアント）や「ブレーキの壊れたダンプカー」（パワフルな戦いぶりが特徴のスタン・ハンセン）など、その実力を存分に発揮していましたが、プロレスという人気競技を離れ、F1という全く異なる分野でもこの技術を駆使したことで、より広範囲の視聴者に、実況の新たな聴き方、味わい方を提示しました。

「音速の貴公子」とは、この時代のＦ１界のトップドライバー、アイルトン・セナを指します。天才的なテクニックとスリリングなレース運び、知的で少し哀愁のあるキャラクターで、絶大な人気を誇りました。ホンダのエンジンを積んだマシンに乗っていたことで日本とも縁が深く、Ｆ１中継の主人公のような存在でした。「音速の貴公子」は、そんなセナの人物像を絶妙に的確に表現していて、彼の代名詞として定着しました。古舘さんの「最高傑作」だと思います。

他にも、セナの最大のライバルで、敵役のような位置づけだったアラン・プロストのドライビングを「勝ちゃあいいんだろ走法」、奔放さが魅力のナイジェル・マンセルのそれを「俺を誰だと思ってるんだ走法」と名づけるなど、多くの秀逸な例えが中継にはあふれました。レース中はヘルメットで顔が見えないドライバーたちは、この古舘さんの例えによって一気に「キャラ」が視聴者に刷り込まれ、映像的に無機質に映りやすい自動車レースが「生身の人間たちによる、血の通った世界」になりました。古舘さんの実況で、Ｆ１と視聴者の距離は縮まり、それはＦ１人気を後押しする大きな力になったと思います。

古舘さんの実況のもう一つの特徴が、大事なところをしゃべる前に付ける「おお～っと！」とか「さあ！」などの「煽り表現」です。「今から盛り上げることを言うぞ！」と合図を出す、歌舞伎でいう「見得を切る」ような効果があります。手法としてはこれも目新しいものではありませんが、古舘さんはこれを意識的に、あざといぐらいに多用しました。結果、先に書いた独自の「比喩表現」とともに視聴者の耳と頭に強く刷り込まれ、「実況の定番」として認識されるようになりました。当時、忘年会などの宴会の席で、司会の人が場を盛り上げるときに、やたらと「おお～っと！」と言っているのを聞いて、「ああ、こんなに認知されているんだ」と痛感したのを覚えています。

独創的な例えと、「おお～っと！」に代表されるインパクトの強い煽り。この特徴を前面に出した〝古舘流〟は、既存の実況に比べて斬新で挑発的で魅力的、それゆえ多くの人がまねをしました。変遷や淘汰はありますが、今なおこのスタイルは存在していま す。新しい技法を世に示し、それが大きな影響力を持って一つの流派を作り出した。これは革命といっていいと思います。

古舘さんは実況がエンターテイメントになりうることを示した点でも功績があります。従来は脇役であった実況を「話芸」として主役へ押し上げ、その後大活躍されました。それは当時実況に携わるものにとって大変魅力的に映りましたが、同時に大きな過ちへと誘《いざな》う、危険な香りのするものでもありました。この香りに誘われ、必要以上に大げさな比喩表現を乱発して言葉遊びに終始したり、「おお〜っと！」や「さあ！」と言うのがクセになっている残念な実況も、度々耳にしました。

〝古舘流〟は、豊富な語彙と豊かな表現力の裏付けがあってこその技術です。実力がないのに踏み込むと、実況を破壊してしまうことにもなる、劇薬です。その意味でも、「革命」という表現が合うと思います。

「金メダルポイント」「ウルトラC」

これは、一人のアナウンサーが残した二つの言葉です。言葉の主は、鈴木文彌《すずきぶんや》さん。1948（昭和23）年にNHKに入局し、スポーツ実況の王道を歩んだ方です。この世界にはたくさんの伝説的アナウンサーがいらっしゃいますが、鈴木さんは究極の〝レジェンド〟。鈴木さんの実況は1964年東京オリンピックの公式記録映画（市川崑監督）に採用され、その声や言葉が「歴史の記録の一部」として残されています。

この東京オリンピックにおいて、圧倒的な強さを誇った女子バレーボールの決勝。日本の優勝が目前に迫ったときに発したのが「いよいよ、金メダルポイントであります」。そして日本のお家芸を世界に示した体操競技で、難度の高い技が出るたびに発したのが「ウルトラCの大技であります」です。

東京オリンピックは私が生まれる3年前。もちろんこの実況は後から聴きました。最初はおそらく小学生。大変畏れ多いのですが、第一印象は「特になし」。理由は「ふつうだった」から。「当然、そう言うよね」、さらにいうなら「そんなの、誰でもそう言うじゃん」と思いました（今考えると恐ろしい）。実はそう思えたことが、鈴木さんの偉大な功績だったと身に染みたのは、この仕事をするようになってからです。

当時「東洋の魔女」と謳われた日本女子バレーボールには、自国開催のオリンピックでの金メダルが期待されていました。決勝の相手はソ連。無敗同士の決戦です。「回転レシーブ」に代表される守備力と粘りのバレーで第1、第2セットを日本が取り、第3

セットも14対9。バレーボール用語でいえば「マッチポイント」ですが、鈴木さんはとっさに「日本、金メダルポイントです」と実況。そこからソ連が懸命の反撃を見せ14対13まで追いあげられて、結果「金メダルポイント」は6回も発せられました。そしてついに日本に15点目が入り試合終了。悲願の瞬間が訪れたのです。

とっさに出たものですが、決してたまたまではないと思います。「鬼の大松」と呼ばれた大松博文監督に認められた鈴木さんは、他の記者やアナウンサーが許されない練習の取材をただ一人許され、時に深夜にまで及んだ猛練習を最後まで見届けることも度々あったそうです。そういう蓄積が大きなマグマとなって、この大舞台で噴出した——同じ職業にあるものの肌感覚として、そう確信しています。

この試合のテレビの視聴率は66・8パーセント。驚異的な数字です。そこで6回も発せられたこの言葉は、瞬く間に日本人の脳裏に刷り込まれ、日常生活に溶け込みました。あたかもずっと前から使われていた言葉のように。そして私が子どものころには、すっかり日常に溶け込んでいました。

次に「ウルトラC」について。当時、体操競技の難度はA、B、Cの3段階で表現していました。ところがその頃、Cを超える難しい技をやる選手が出てきた。これをどう表現するか。鈴木さんは思案しました。はじめに考えついたのは、Cが二つなので「ダブルC《ツェー》」（ツェーはドイツ語読み）。でも、英語とドイツ語が混じって収まりが悪い。両方英語で「ダブルシー」は、アナウンサー仲間に「それじゃトイレですよ」と言われ断念。

さらに思案を重ねて、「過度の」とか「超」にあたる「ウルトラ」というドイツ語に出会い、「ウルトラC」という言葉を〝創作〟します。実際にオリンピック中継で使ったところ、これもあっという間に国民の脳裏に納まり、流行語のように巷にこの言葉があふれました。

「ゴジラ」などを手掛けた、日本の特撮映画の父・円谷英二さんが、この言葉にインスピレーションを得ます。オリンピックの最中にもかかわらず、鈴木さんに「これから放送を予定しているテレビ番組のタイトルに『ウルトラ』を使わせてほしい」と直接電話。鈴木さんの快諾を得ると、その2年後の1966（昭和41）年、「ウルトラQ」という番組が始まります。のちの「ウルトラマン」シリーズのスタートです。当初別のタイトルが候補でしたが、この変更により「ウルトラ」は一気に日常用語として浸透し、現在に至っています。

とっさに口をついて出た「金メダルポイント」と、事前に練りに練って作り上げた

「ウルトラC」。経緯は対照的ですが、それまで誰も使っていなかった言葉を新たに創作し、日本中が注目する大舞台で発したことで、日本語としてあまねく受け入れられたという点では共通しています。これこそが鈴木さんがレジェンドたる最大の理由だと私は思っています。

先にも書きましたが、「何もないゼロの状態から、何かを創出する」ことは「あらかじめ存在しているものをよりよくする」より、数段大きなエネルギーが必要です。特に言葉は誰もが使うものなので、意図的に新しいものを創ろうとしても、そう簡単に定着はしません。私自身は、すでに世にある日本語のかけらを、必死にかき集めてしゃべっているというのが実感ですし、それでも十分大変だと思っています。そんな「創出」を、こんな高いレベルで成し遂げた鈴木さんの言葉への情熱と知性、そして日々の修練には、本当に尊敬の念ばかりです。

もう一つ、胸に刻んでおきたいことがあります。この新たな日本語の創出の土台には、東京オリンピックというイベントを取り巻く熱情があったということです。戦後の日本の復興と高度成長を示し、日本人が再び誇りを取り戻す象徴となった世紀の祭典に注がれた当時の期待感、興奮、勝利の歓喜は、今では想像もつかないほど大きかったと思います。その熱い情念の真ん中にズバリとはまったのが「金メダルポイント」であり「ウルトラC」だった。人々の心を揺さぶる言葉を創出した鈴木さんの技量と、その言葉を受け入れる時代の空気との、幸福な出会いがそこにあったと私には思えます。この仕事をする者として、それは至福の出来事だと思います。

鈴木さんは2013年、88歳で亡くなりました。NHKからの追悼コメントは「新しい表現に挑戦した伝説のスポーツアナ。多くのアナウンサーの良き目標になっていた」。全く同感です。誰もが日常的に使う言葉を「創出」するのは「ウルトラC」の難しさだよ。そんなアナウンサーとしての「金メダルポイント」目指して精進しなさい——そんな鈴木さんの「天の声」が聞こえてきそうです。

「プラティニゴール、スーパーゴール、ビューティフルゴール！」

若き日に体験したことはひときわ鮮やかに心に刻まれるものですが、この実況は、私にとってそんな青春の香りがする名実況です。耳にしたのが18歳だったというだけでなく、その後のアナウンサーとしての「青春期」――実況アナとして一人前になりたいと思い続け、修業していた若手時代に、深く関わったフレーズです。

１９８５年12月。東京、国立霞ヶ丘競技場で行われたサッカーの国際大会「トヨタカップ」。世界のサッカーの二大勢力、ヨーロッパと南米のサッカークラブ世界一決定戦です。現在は各大陸の王者が集う「ＦＩＦＡクラブワールドカップ」の前身で、中立国である日本で１９８０年から開催され、日本テレビ系全国ネットで放送されていました。

海外のスポーツ中継などほとんどなかった昔、サッカーはマイナースポーツで、テレビ中継も目にするのは年に数えるほど。そんな中で、毎年12月上旬の日曜日に放送されることの大会は、かなり異色の存在に映りました。「サッカーなの？」「日本は関係してないの？」「それなのになぜ？」と思いつつも、毎年楽しみにしていました。おそらくそれは、今では手軽に味わえる「世界のホンモノのスポーツ」だけが放つエネルギーを感じられる、〝窓〟のような魅力があったからだと思います。

この年の対戦カードは、イタリアのユベントス対アルゼンチンのアルヘンティノス・ジュニアーズ。世界有数のビッグクラブであるユベントスの来日で話題となりました。中心選手は、ミシェル・プラティニ。フランス代表の司令塔にしてキャプテン。欧州最優秀選手に3年連続で輝き、南米最高といわれたブラジルのジーコと「世界一のサッカー選手」の評価を二分していました。華麗なテクニック、プレー全般にあふれる知性、圧倒的な存在感は、ニックネームの「将軍」そのもの。後年、ＦＩＦＡ副会長時代に汚職への関与で活動停止処分となりキャリアを汚してしまいましたが、このときは文字通りのスーパースター。自身も「私の選手としてのピークは、１９８５年の12月だった」と語ったように、全盛期のタイミングでの来日でした。

1対1で迎えた後半23分。コーナーキックからヘディングの浮き球がペナルティエリアの中にいたプラティニへ。これをプラティニはまず胸でトラップし、右足アウトサイドのキックフェイントで浮かせて、目の前の相手ディフェンダーたちを翻弄すると、そのまま反転して左足のダイレクトボレーシュート！　ボールは美しい放物線を描き、ゴールネットの右隅を突き刺します。その瞬間に出たのが「プラティニゴール、スーパーゴール、ビューティフルゴール！」です。

声の主は、日本テレビの舛方勝宏《ますかたかつひろ》アナウンサー。太く、強い声で、映像をグイグイと引っ張っていくような実況が印象的でしたが、この場面での声の張り、そして何より言葉の選択の見事さは、高校生だった私には強い衝撃として残りました。具体的にいうと、「ゴール」の前に、三つの異なる言葉をつけて畳み掛けているところ。日本語は「三つ並べるとリズムがよくなる」といわれ、実況でも「打ってよし、守ってよし、走ってよし」、「より速く、より高く、より遠く」のようによく使われるのですが、この並べ方は見事です。語感、リズム、プレーの内容が三位一体となった、言葉の様式美がありま す。実況アナの感覚としては、もうこの言葉が思い浮かんだ段階で勝ったも同然です。

ところが、トヨタカップ史上最も美しいシュートと評されているこのプレーは、幻に終わっています。つまり、ノーゴール。味方選手のポジショニングがオフサイドと判定され、得点は認められなかったのです。超絶プレーの興奮に包まれる満員の観衆は、一斉に落胆しました。するとプラティニは、芝生に寝そべって頬杖をつき、「そりゃないよ」という意思表示。その「フランス風」のおしゃれな立ち振る舞いは、直前のプレー同様、いやそれ以上に、世界を感じさせてくれたシーンとして記憶に刻まれています。

現在もしばしば耳にする、サッカー中継で得点が決まった瞬間の「ゴォォールル！」という絶叫は、実は舛方さんが元祖です。長らくマイナースポーツだったサッカーを、いち早く積極的に放送した民放が日本テレビでした。代表例は全国高校選手権を、系列を挙げて冬の風物詩に押し上げたこと。トヨタカップの中継もそうです。その中で、日本のサッカー実況の先駆者たらんと、強い情熱を注いだのが舛方さんです。何しろ入社5年目の1970年に、3年ローンを組んで自費でメキシコワールドカップを観戦し、世界のサッカー実況を肌で吸収しようとした方です。そこからさまざまな研鑽を積み、日本のサッカー実況の一つのスタイルを開発しました。「ゴォォーール！」の絶叫もその一つ。このプラティニのシュートシーンは、その集大成といえるものでしょう。ちなみに第1章「実況あるある」で書いた、新人の頃の高校サッカーの勉強会で教えられた「サッカーにおけるゴールは単なるプレーではなく、精神の解放だ。その心の叫びを伝えるのが、サッカー実況の真髄だ」という哲学を打ち出したのも、舛方さんです。

私が系列の中京テレビに入社したとき、舛方さんは日本テレビのアナウンス部長。とびきり熱く、厳しい指導で知られ、「とっても恐い人」としてその名は名古屋にも轟いていました。ただ、高校サッカー実況で活躍したいと思っていた私にとっては、認めてもらいたい人の筆頭でもありました。だからその方の「心の叫び」の代表作であるこのフレーズ、そしてサッカー実況の哲学は、実況修業をしていく上で常に意識し続けました。実際にお会いしたのは数回ですが、入社3年目に系列アナウンス賞の新人賞をいただき、表彰式で記念の盾を直接渡され、ほんの少し認めてもらったように感じた経験は、今も心の支えです。

時は流れ、サッカー放送の環境は大きく変わり、視聴者の求める実況のスタイルも多様化しました。舛方さんを始祖とするスタイルへの評価も賛否両論あります。その流れを汲むと自負する私の実況も同様で、謙虚に受け止めたいと思います。ただ、青春期に身に付けた「実況アナも試合に参加している、グラウンドを一緒に走りまわっている。実況アナウンサーの放送姿勢は常にストライカー。シュートの瞬間ではゲッターであって、彼らになりかわって声を発するんだ」（日本テレビアナウンス部編『あぶない裏側実況中継――スポーツアナが燃えた』（日本テレビ・1989年）より要約）という精神は、これからも、私の心の根底に流れ続けると思っています。

「伸身の新月面が描く放物線は、栄光への架け橋だ！」

２００４年、アテネオリンピック。体操競技、男子団体。日本チームの最終演技者、冨田洋之選手の体が鉄棒から離れ、降り技である「伸身新月面宙返り」を繰り出して着地するシーンの実況です。結果は——ご存じの通り完璧な着地を成功させ、日本はこの種目で28年ぶりの金メダルを獲得しました。

歴史的な快挙が決まる寸前のシーン。実況アナにとってテンションが最高潮に達する、まさしくクライマックスです。多くのアスリートが、このプレーをやりきるために途方もない量のトレーニングを重ねてきたのと同様、アナウンサーも「このシーンで何を、どう言うか」のために鍛錬を重ねてきたといっていい、まさしく実況の集大成。書いているだけでゾクゾクしてくる、本当にしびれる場面です。

実況したのはＮＨＫの刈屋富士雄《かりやふじお》アナウンサー。私より７歳年上の１９６０年生まれで、83年にＮＨＫに入局し、長らく大相撲中継なども手がけ、現在は豊かな見識と経験を生かして解説委員もされています。ここで紹介した方は全員そうですが、これまた、私からすれば雲の上の存在のような、トップクラスの実況アナウンサーです。

１９６０年ローマ大会からオリンピック５連覇を成し遂げ、かつてはお家芸とされた体操男子団体は、その後の長い低迷期を経て、アテネ大会で復活の期待がかけられていました。予選は日本が１位で通過。中１日を置いて決勝です。予選１位は、決勝では演技順が最後になります。日本が最後の種目・鉄棒を始めるときには、他国の演技が終了していて、最終演技者である冨田選手のときには、ほぼ順位が決まっています。順位に応じてどういう実況をするか、刈屋さんはこの中１日の間に、相当思いを巡らせました。

刈屋さんは入念な取材と経験から、金メダルでない可能性も大きく、現実的には銅メダル争いでメダルを逃すこともあると予想しました。４位ならどう言うか。「復活」とは言えないけれど、３位との差が小さければ「復活間近」とは言えるかな、などと、思案していたといいます。

迎えた決勝。最初のゆかが終わった時点で7位に下がった日本でしたが、その後は好得点を連発して徐々に順位を上げます。さらに、中国や米国などライバルのミスもあり、最終の鉄棒が始まる時点で、メダル獲得がはっきりと見えていました。

2人目の鹿島選手の得点が出た段階で刈屋さんには「復活への架け橋」という言葉が浮かんだそうです。そしてその直後、金メダルを取るために冨田選手に必要な得点を確認したとき、「栄光」の二文字が浮かびました。演技構成と採点基準からすると、金メダルが決まるのは離れ技のコールマンが成功した時点で、着地に失敗し減点されても金が確定することがわかりました。

冨田選手がコールマンに入る直前、刈屋さんは「これさえ取れば……取った！」と叫んでいます。鉄棒を「取った」と同時に金メダルも「取った」瞬間。ご本人もほとんど絶叫だったと認めています。後は、演技している冨田選手同様に、どう最後を締めくくるかです。

用意していたのは「栄光への架け橋」。ところが、予想外のことが起きます。冨田選手のフィニッシュへの入りが、1回転多かった。そこで「伸身の新月面」と「栄光への架け橋」の間に、「が描く放物線」をとっさに入れた。かくて、その言葉通りの美しい放物線を描いて完璧な着地を決めた冨田選手の雄姿とともに、この名実況が完成したのでした。

書きながら、自分が実況しているような感覚を覚え、ものすごく全身に力が入りました。同時に、私の中にあった一つの疑問、胸の中によどんでいたものが、消えたように感じました。

正直、この実況が「名実況」と評されることに、私は長らくひっかかりを覚えてきました。大変僭越《せんえつ》なのは承知の上です。もちろん、使用されたフレーズの美しさ、的確さ、演技と言葉の同調性など、スキル的には完璧。全くもって非の打ちどころはありません。でも、どうしてもひっかかるものがある。その理由は、このアテネオリンピックのNHK放送公式テーマソングが「栄光の架橋」だったことです。

オリンピックなどの大きなスポーツ中継には、たいてい公式テーマソングがあり、抜群の演出をしてくれます。詞やメロディーが選手たちのパフォーマンスとかみ合い、感動を増幅してくれます。私も中継を見ながら「よし、ここで流れてくれ！」と、心の中でたびたびリクエストしますし、大会が終わってもしばらくは鼻歌が出ます。このときの「栄光の架橋」も、名曲中の名曲です。

ただ、「栄光への架け橋」という言葉が、この場面で出た瞬間、「それはちょっと……」と思いました。おそらく今後、この歴史的名場面を振り返る際に必ずや流れるであろう曲のタイトルを、実況フレーズに盛り込むなんて。「うまい！」と脱帽すると同時に「あざとい」とも思いました。いくらなんでも計算しすぎ。賞賛と嫉妬が入り交じった複雑な感情が、ずっと私の中にはありました。

今回、改めて調べていく中で、わだかまりは氷解しました。刈屋さんはあるインタビューでこう答えています。「『あの言葉はいつ考えたんですか？』とよく聞かれるんですが、もちろん、最初から考えていたわ

けではありません。もともと『栄光』という言葉は頭になかったんです。だって勝たなければ、金メダルじゃなければ、使えないですから」

刈屋さんには用意していた別の言葉があったそうです。「体操ニッポン、日はまた昇りました」。96年アトランタオリンピックで、この種目10位と惨敗に終わったとき、外国のコーチに「日本は沈んだ。もう昇らない」と言われた悔しさから、「あのときのお返しとしていつか言おう」と決めていたといいます。そこには「あざとさ」は全くありません。あるのはスポーツアナウンサーとしてのピュアな視点のみです。

この話を聞いて、私には、「栄光への架け橋」は究極の偶然の一致だと思えました。同時にあざといと思っていたことをやましく感じました。そんなふうに、この実況の秀逸さを素直に受け止められてよかったと思います。

nice jikkyo 13

「ガメス選手、おめでとうございます」

これまで紹介してきたものは、例えばインターネットで検索するといろいろなことが出てきますが、このフレーズは入力しても、実になる情報は得ることはできないと思われます。それぐらいマニアック、かつ極めて私的な、それゆえ大変思い入れの深い名実況です。

2000年10月9日。愛知県体育館（現・ドルフィンズアリーナ）で行われた、プロボクシング・WBA世界スーパーフライ級タイトルマッチ、チャンピオン、戸高秀樹（名古屋・緑ジム）対、挑戦者、レオ・ガメス（ベネズエラ）。戸高にとって3度目の防衛戦は、王者側がやりやすい相手ばかりを選ぶことを防ぐため、認定団体が挑戦者を指名して対戦を義務付ける「指名試合」でした。ガメスは世界ランキング1位。最強の挑戦者です。身長152センチと小柄ながら腕が長く、そこから繰り出されるパンチの破壊力は並外れていて、ミニマム級からフライ級までの3階級で王者となったベネズエラの英雄。この試合には4階級制覇がかかっていました。37歳、41戦目という大ベテランで、豊富なキャリアがありました。

迎え撃つ戸高は27歳。故郷・宮崎でボクシングを始め、日本王者に上り詰めますが、ケガで王座を返上。その後、縁あって名古屋の緑ジムに移籍します。同ジムから誕生した世界王者、飯田覚士に次ぐ存在となり、飯田が王座から陥落すると、新王者の初防衛戦の相手に抜擢され世界初挑戦。この試合は負傷による引き分けに終わったものの、4カ月後の再戦で勝利し王座に輝きました。地方の無名の存在からキャリアをスタートさせながら、並外れた行動力とメンタルの強さ、あふれる闘志とタフネス、そしてたたき上げで身に着けた実戦的なテクニックで頂点に立ち、「雑草王者」と称されました。その後2度の防衛に成功。知名度も上昇し、この指名試合は王者の真価を示す一戦でした。

両者とも好戦的な選手で打撃戦は必至も王者・戸高が優位、という予想で試合開始。しかし序盤から、挑戦者のパンチ、特にアッパーがヒットし、王者のあごが何度も跳ね上がります。のちにわかることですが、戸高はこのとき目を患っていて、「角度によっては物が二重にも三重にも見えるような状態」（本人談）。下からのパンチに対応できず、強打をまともに食らい続けます。3ラウンドあたりで口から激しく出血し、血を吐きながらの戦いに。これも試合後に判明しましたが、この時点で、顎を複雑骨折していました。

プロデビュー以来一度もダウンがない戸高。どれほどの劣勢でも立ち向かってくれる――そんな希望はしかし、第7ラウンド2分過ぎに打ち砕かれます。ガメスの集中打を浴びると、戸高はマットにあおむけに倒れ落ちました。まるでスローモーションのようにゆっくりと。そのまま試合終了。会場が凍りついた、壮絶なノックアウト負けでした。

実況は私の古巣、中京テレビの佐藤啓《さとうはじめ》アナウンサー。私より5歳年上です。そして赤コーナー・戸高陣営のリポーターを務めていたのが、当時33歳の私でした。

さて、このフレーズの価値をご理解いただくには、ボクシング中継というものについて知っていただく必要がありますので、これまたちょっと詳しく紹介させていただきます。

まず、技術的なことから。ボクシング中継は、最終ラウンドまで戦い判定で勝敗が決するのが基本パターンで、KO（ノックアウト）で早く終われば、通称「階段」と呼ばれる早終わり用の対応に移行します。世界戦は12回制。1ラウンドから12ラウンド途中で終了するまで、さらにはどちらが勝者かでも分けるので、合わせて10パターンを超える緻密な「階段」をあらかじめ用意します。結果が出た瞬間から、スタッフ全員がそれに基づいて、つつがなく放送を完了させます。生放送なので待ったなし。周到な準備と瞬時の判断、そして共通理解が必要です。実況アナは一発のパンチの見逃しも致命傷になりかねないため、高い集中力と、格闘技実況に欠かせない「情熱」を込めて実況します。一方で、そうした全体の進行も冷静に見すえながらしゃべることを求められます。

次に背景について。ボクシングがテレビ中継という「商品」になるには、目玉となる選手の存在が欠かせません。ほとんどの場合は日本人の有望選手。地方局が放送しようとすれば、地元のジム所属が条件になります。そんな選手が順調に勝ち、世界への道筋ができて初めて番組が成立し、私たちは実況ができます。なかなか厳しい条件です。中京テレビは1994年から約10年ボクシングを放送し、世界戦を13試合中継しましたが、それは当時の名古屋にそんなボクサーが複数存在するという、奇跡的な幸運に恵まれたからです。逆にいうと、彼らが敗れればその先の中継はなく、私たちの実況の機会も消えます。世界戦の勝敗が、アナウンサー人生も左右するのです。さりとて、勝敗は私たちにはコントロールできません。できるのは、毎試合、勝ってくれることを祈りつつ、「この試合が最後のボクシング中継になっても悔いはない」という覚悟で臨むことだけ。それゆえ、彼らが勝ったときの感激も、また敗れたときの落胆も格別でした。

さて、話を試合に戻します。この試合が7ラウンドで終わったことで「階段」が発動しています。実況アナはあらかじめ定められた流れに沿い、放送を無事終了させることに集中します。試合中とはまた違った緊張感です。その一方で、「ああ、これで長く携わってきたボクシング中継が終わるのか」という絶望的な喪失感が否応なく頭をもたげてくる、精神的にはかなりきつい状態です。その中で佐藤さんは、番組の締めくくり、本当に残り10秒ほどのところで、穏やかな口調で「新王者レオ・ガメス、4階級制覇の偉業達成。ガメス選手、おめでとうございます」と実況したのです。

佐藤さんは中京テレビ開局以来初のボクシング中継で実況を務めた、アナウンス部「ボクシングチーム」のリーダー。もともとプロレス実況の達人で、格闘技に造詣は深かったのですが、日本テレビに出向いて教えを乞い、ジムに足繁く通い、心血を注いで同局のボクシング実況の「道」を切り開きました。私はずっとその後ろをついていって、実況の技術や心得を学び、また佐藤さんも、惜しみなくさまざまなことを教えてくださいました。同じ時間、空間に長くいた者として、このときの精神状態は、痛いほどわかるつもりです。その中で、自分たちの夢をも砕いた相手選手を賞賛したこのフレーズは、深く心に刻まれました。

「ボクシングという格闘技では、どうしてもひいきの選手の応援実況になりやすい。でも、相手を貶《おとし》めてしまうと、結局ひいきの選手の価値も下げてしまう。相手の強さも認めて、きちんと讃える。普段からその心づもりで準備をしないと、本番では言葉に出ないよ」

佐藤さんが話していたことの一つです。ボクシングに限らず、スポーツ実況そのものの基本でもあります。ですから佐藤さんは「やるべきことをやっただけ」と言うかもしれません。でも、この状況下でそれを確実に遂行するのは、そんなに簡単ではない。私は戸高選手の世界戦を3試合実況させていただき、引き分け、判定勝ち、KO勝ちと、幸いに敗戦をしゃべることがありませんでしたが、もしこんな壮絶な負けを目の当たりにしたら、あんな抑制の効いた「おめでとうございます」が言えたか、自信がありません。この試合で終わってもいい。すべてを出し切ろう――その覚悟で臨み続けた蓄積から生まれたフレーズだと私は思っています。名古屋を離れてもう16年が経ちますが、今も教訓として生きる、大切な財産です。

その後について簡単に。戸高選手はこの敗戦後長いブランクがありましたが復活。3年後、バンタム級に階級を上げ、ガメス選手と暫定王座決定戦を行い、激しい打ち合いの末今度は判定勝利。リベンジと、2階級制覇を達成しました。両国国技館で佐藤さんと一緒に観戦し、抱き合って喜んだことは忘れられない思い出です。現在戸高さんは東京でジムを経営。佐藤さんは中京テレビで今も現役です。

あとがき

「しめ（放送終了）まで　残り1分！」のカンペ（指示を伝えるメモ書き。カンニングペーパーの略）がフロアディレクターから出ました。いよいよ、締めくくりの時間です。

「アナウンスは、人格でするものです」

本書を書くにあたり、名古屋、北海道で四半世紀に渡り携わってきたスポーツ実況について深く掘り下げてきて、この言葉が改めて頭に浮かんでいます。

言葉の主は私の人生の師匠、東京アナウンスセミナー初代代表・永井譲治先生（故人）。〝人格〟とは、人格者とか、高潔な人格といったときに使う、肯定的な価値を含む意味ではありません。ここでいう人格は、心理学の「パーソナリティ」に近い、「その人固有の姿」のこと。私は〝むき出しの自分〟と表現しています。

生身の人間が声を出し、言葉にして他者に何かを伝えるとき、その音、その言葉は、発する人の感情や性格、大げさにいえば、どんな人生を送ってきたかといった〝人格〟

を否が応にもまとっています。それが「話しことば」です。アナウンサーとは、そんな人格をまとった話しことばを、不特定多数の人々の心に届ける、いわば、むき出しの自分を、常に他人にさらす仕事。この仕事に臨む者は、それを受け入れる覚悟を持たねばならない――。この言葉は、そういう意味だととらえています。私たちの仕事の本質を表す言葉だと、ずっと胸に留めてきました。

スポーツ実況には台本がありません。考える時間はほんの一瞬。複雑なプレーを追いかけているとき、脳に届く前に言葉が出ていることもしばしばです。そんな時間が、数時間続きます。ことばを話す仕事の中でも、しゃべり手の〝人格〟が最も無防備に、かつ長時間さらされる、それが、スポーツ実況です。

自分の人格を無防備にさらし、試合の魅力を最前線で伝える。それを、自分ひとりに託される。ふと考えると恐ろしいことですが、同時に最高にしびれる仕事です。重圧と緊張と格闘し、無事放送を終えたときの天にも昇る幸福感は、他の何事にも代えがたいものがあります。

「スポーツは人生の縮図である」といわれます。プレーを通じて競技者の人格に触れ、人生を感じ取る。スポーツ中継の醍醐味はそこにあります。それを伝える実況アナウンサーもまた、競技者とともに人格をさらしてしゃべります。AI＝人工知能が日々発達し、人間のコミュニケーションのあり方が大きく変わっていくこれからのご時世に、実にアナログな営みです。でも、このとても人間臭い営みと相まって、人生の縮図であるスポーツ中継は、多くの人の心を魅了し続ける。実況アナはそれを信じて、きょうも「言霊」を届けている――。

そんな姿を、本書を通じて、ほんのわずかでも思い描いていただければ幸いです。

文中、多くの実況アナの方々にご登場いただきました。謹んで名前を挙げさせていただいた大先輩も、あえて名前を伏せて面白エピソードを紹介した仲間もいます。すべての方々の顔や交わした会話を、できる限り思い浮かべながら書きましたが、途中、何度も笑顔を浮かべている自分に気づきました。皆さまとの出会いが、私を育んでくれた大切な宝物であったと改めて実感しています。心から感謝申し上げます。

書籍の話が出たとき、一瞬、「これは途方もないことになるかも」という嫌な予感が頭をよぎったのですが、実際、その通りでした。私が生業としている「話しことば」と、

「書きことば」の世界は、同じ言語表現でありながら、使う脳内の回路が全く別であることを思い知らされました。実況で2、3時間しゃべっても何とも思わないのに、なぜこの数行が書けないのかと思い悩んだことも。袋小路に入り込み、収拾がつかない状態に陥りながらも、ようやくここまでたどり着くことができたというのが、率直な感想です。

辛抱強くお付き合いいただいた、北海道新聞出版センターの横山さんには頭が上がりません。この場を借りて、深く御礼申し上げます。

「中継終了まで残りとおびょう（10秒）！」

カウントダウンが始まりました。「締めコメ」です。

『実況アナの奮闘と息づかい、お感じになっていただけましたでしょうか？　スポーツの素晴らしさ、魅力を伝えるべく、私たちはこれからも、ことばを紡いでまいります。それでは「スポーツ実況を100倍楽しむ方法」、このへんで失礼します。』

「3秒前、2、1……。ハーイ、お疲れ様でした――！」

参考文献

『いまを生きる―されど、アナウンサー』 永井譲治 新風舎（1999）

『日本語トーク術』 齋藤孝・古舘伊知郎 小学館文庫（2005）

『実力とは何か』 羽佐間正雄 講談社（1987）

『テレビの日本語』 加藤昌男 岩波新書（2012）

『基礎から学ぶアナウンス』 半谷進彦・佐々木端 日本放送出版協会（2000）

『志村正順のラジオ・デイズ―スポーツの語り部が伝えた昭和』 尾嶋義之 洋泉社（1998）

『或るアナウンサーの一生 評伝 和田信賢』 山川静夫 文春文庫（1986）

『あぶない裏側実況中継 スポーツ・アナが燃えた』 日本テレビアナウンス部編 日本テレビ（1989）

『実況！―熱きことばの伴走者たち』 日本テレビアナウンス部編 創拓社（1994）

『スポーツアナウンサー 実況の真髄』 山本浩 岩波新書（2015）

『実況席のサッカー論』 山本浩・倉敷保雄 出版芸術社（2007）

『メキシコの青い空―実況席のサッカー20年』 山本浩 新潮社（2007）

『青い空 白い雲 甲子園高校野球放送42年』 植草貞夫 講談社（1999）

『勝利者たち マイク越しの戦後スポーツ史』 岡田実 晩聲社（1982）

『放送80年―それはラジオからはじまった』 ステラMOOK NHKサービスセンター（2005）

「五輪コラム 名言はこうして生まれた」 日刊スポーツ 2012年3月1日付

「高校野球100周年 激闘の記憶」 サンケイスポーツ 2015年8月10日付

「ぴいぷる・NHKの〝甲子園名物アナ〟小野塚康之さん」 夕刊フジ 2017年8月10日付

『トラさんのサッカー実況論！』 山本浩・倉敷保雄 J SPORTS編集部（2014）
前編 https://www.jsports.co.jp/press/article/N2014041923434102.html
後編 https://www.jsports.co.jp/press/article/N2014041923444102.html

『関西学院大学総合コース ネットコミュニケーション学の創生 アナウンサーとは何か？ ゲストスピーカー 西澤暲氏』 戸倉信吉（2010）

NHKラジオ『明日へのことば 特選 スポーツ名場面の裏側で』 2007・10・11放送

著者紹介

大藤　晋司　だいとう　しんじ

1967年、茨城県生まれ。テレビ北海道（ＴＶｈ）アナウンサー。明治大学を中退し、早稲田大学人間科学部に再入学。明治大学アナウンス研究会、都内のアナウンス専門学校で学ぶ。1991年に中京テレビ放送（愛知）に入社し、プロ野球、サッカー、ボクシングなどの実況や、情報番組「ズームイン!!　朝！」のキャスターなどを担当。スポーツ部への人事異動を機に、アナウンサーとしての新たな働き場所を求め、2003年、テレビ北海道（ＴＶｈ）に中途入社。入社１週間後に実況した北海道移転前年の日本ハムファイターズ戦を皮切りに北海道で担当競技の幅が広がり、これまで14競技を実況。現在の担当はプロ野球、スキージャンプ、バスケットボール、ボウリングなど。ＮＮＮアナウンス大賞新人賞（1994）受賞。

2010年より、北海道新聞に日本ハムファイターズに関するコラムを連載。

◆実況経験のある競技◆
野球、サッカー、バスケットボール、ボクシング、スキージャンプ、ノルディック複合、駅伝・ロードレース、卓球、ソフトテニス、ゴルフ、ラグビー、バドミントン、フットサル、ボウリング

イラスト　八角屋
ブログ「それってどうなんだろ」
URL https://ameblo.jp/hakkaku-ya/

ブックデザイン　中西印刷株式会社（廣瀬　悠）

協　力　テレビ北海道

スポーツ実況を100倍楽しむ方法

2019年3月27日　初版第1刷発行

著　者　大藤　晋司
発行者　鶴井　亨
発行所　北海道新聞社
〒060－8711　札幌市中央区大通西3丁目6
出版センター　（編集）TEL　011-210-5742
（営業）TEL　011-210-5744

印　刷　中西印刷株式会社
製　本　石田製本株式会社

落丁・乱丁本は出版センター（営業）にご連絡下さい。
お取り換えいたします。
ISBN978-4-89453-940-2